いちばんよくわかる！
ウサギの飼い方・暮らし方

成美堂出版

大好きなウサギと ハッピー に暮らす 5つのコツ

愛らしい見た目やしぐさ、好奇心いっぱいのキラキラした瞳。大好きなウサギとの毎日がもっともっと楽しくなるとっておきのコツを紹介します♪

品種によって性質も違うよ〜

かわいい姿を見ているだけで、いやされちゃう。ウサギとの暮らしは楽しいことがいっぱいです。

コツ1 個性を大切にすると仲良くなれる

仲良くなるのに、あせりは禁物。品種や性別、個体によって、ウサギの個性はさまざまです。おっとりしていたり、活発だったり、それぞれの個性を大切にしてつきあってね!

ずっと仲良くしてね〜よろしくお願いします!

ウサギは明け方と夕方に活動的になるので、昼間は寝ていることも多いかも。夕方から夜にかけてコミュニケーションを取るといいでしょう。

ウサギは自分でも身づくろいしますが、毛を飲みこみ過ぎるとおなかのトラブルになることも。換毛期は特に抜け毛が増えるので、こまめにブラッシングしてあげましょう。

コツ 2 お手入れタイムでスキンシップ

ブラッシングなど体のお手入れは、ウサギとの楽しいふれあいタイム。そして、体の変化にいち早く気づくことができますから、健康管理にも役立ちます！

いつもキレイにしていたいの〜♡

フワフワの毛がかわいい、長毛種のウサギ。毛が絡んだりしないように、ていねいにブラッシングしてあげましょう。

ブラッシングや爪切りなど、体のお手入れには「抱っこ」が欠かせません。まずは抱っこの練習をしっかりと。

ケージは1匹に1つ必要です。成長しても体を伸ばしてゆったりくつろげるサイズのものを選んであげましょう。

この中にいると落ち着く〜♪

ウサギは決まった場所で排泄する習性があります。トイレをケージの中にセットしましょう。

狭いところにもぐりこむと安心するので、このようなハウスを用意してあげるといいでしょう。

コツ 3 ゆったりくつろげる快適なおうちを準備

ウサギたちは、自分のテリトリーを大切にします。安心して過ごせる、自分だけの居場所を用意してあげましょう。こまめに掃除をして清潔に保ち、温度や湿度の管理も忘れずに。

1日1回は、ケージから出して遊ばせてあげましょう。ウサギが安全に過ごせるように環境を整え、目を離さないようにして。

コツ4 バランスのよい食事は元気のキホン

ウサギは完全な草食動物。たっぷりの牧草と栄養バランスのいいペレットを主食としてあげましょう。牧草やペレットは、年齢や体格に応じて選ぶのがポイントです。

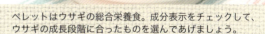

ペレットはウサギの総合栄養食。成分表示をチェックして、ウサギの成長段階に合ったものを選んであげましょう。

野菜や果物はウサギの大好物。量を決めてときどき食べさせてあげて。

クンクン…甘くていいにおいがするな〜

牧草は歯の伸び過ぎを防ぎ、繊維質がおなかの環境を整えてくれます。いつもたっぷり用意を。

ジャーンプ!!

ハードルを飛び越える世界的競技「ラビットホッピング」。一緒にレースに取り組むことは、飼い主さんとウサギとの絆を強めてくれます。

カチッ!

コツ5 「ウサトレ」でやる気を引き出す

トレーニングは、ウサギの意欲を引き出し、飼い主さんとのコミュニケーションが活発になるというメリットも。ウサギのQOL(生活の質)を高めるために始めてみませんか?

「カチッ!」と音が鳴らせるクリッカーを使ったトレーニングは、ウサギの能力を引き出し、自己肯定感を高めます。しつけにも効果があるので、ぜひトライしてみて。

キャリーケースに入る、体重計に乗るなどの練習にも、クリッカートレーニングを活用することができます。

ウサトレは楽しい遊びであり、能力開発でもあります。「できることが増える」のは、ウサギにとってもうれしいことなのです。

はじめに

素敵な相棒♪
ウサギとの楽しい暮らしを始めましょう

　長い耳につぶらな瞳。愛らしいしぐさと、柔らかな手触り……。ウサギは魅力いっぱいのコンパニオンアニマル。初めて動物と暮らす人でもお世話がしやすいのも、人気の理由です。

　ウサギと人がハッピーに暮らすには、しつけが必要な部分もあります。病気やケガの予防も必要です。ウサギの生態や体の特徴を理解して、上手にケアしてあげたいですね。

　また、最近注目されている「クリッカートレーニング」や「ラビットホッピング」などのトレーニングは、ウサギの能力を開発し、自己肯定感を高めます。飼い主さんとの絆づくりにも役立ちます。無理のない範囲で、トライしてみてください。

　この本では、ウサギと楽しく幸せに暮らすためのお世話の仕方や、仲良くなるための方法をわかりやすく紹介しています。どうぞ役立ててくださいね。

町田 修

いちばんよくわかる！
ウサギの飼い方・暮らし方

もくじ

大好きなウサギと
ハッピーに暮らす5つのコツ

- コツ1 ── 個性を大切にすると仲良くなれる ………… 2
- コツ2 ── お手入れタイムでスキンシップ ………… 3
- コツ3 ── ゆったりくつろげる快適なおうちを準備 ………… 4
- コツ4 ── バランスのよい食事は元気のキホン ………… 5
- コツ5 ──「ウサトレ」でやる気を引き出す ………… 6

- はじめに　素敵な相棒♪ ウサギとの楽しい暮らしを始めましょう ………… 7

Part 1　ウサギと暮らす基礎知識

品種とカラー　お気に入りのウサギと出会う3つのポイント ………… 14

- ◆ カラーバリエーションが豊富な人気者　ネザーランドドワーフ ………… 16
- ◆ 温厚な性質で、初めてでも飼いやすい　ホーランドロップ ………… 20
- ◆ 優雅な長毛に包まれ、性格もおだやか　ジャージーウーリー ………… 24
- ◆ ぬいぐるみのように愛らしい　アメリカンファジーロップ ………… 25
- ◆ ビロードのような手触り　ミニレッキス ………… 26
- ◆ アイラインを描いたような目が印象的　ドワーフホト ………… 27
- ◆ 子犬のようなルックスが愛らしい　イングリッシュアンゴラ ………… 28
- ◆ 光沢のある美しい被毛　ミニサテン ………… 29
- ◆ ふさふさのたてがみがチャーミング　ライオンヘッド ………… 30
- ◆ 長くて幅広の耳が個性的な大型種　イングリッシュロップ ………… 31
- ◆ 体に沿って垂れる耳が特徴的　ヴェルベッティンロップ ………… 31

| ウサギの魅力 | ウサギとの暮らし3つの魅力 ………… 32
| 行動と気持ち● | しぐさから知るウサギの気持ち ………… 34
| 年齢による変化● | ウサギの成長とお世話のポイント ………… 38
| 性別による違い● | オスとメスの違いを知っておこう ………… 40
| 体のしくみ● | ウサギの体の特徴を知っておこう ………… 42
| ウサギの能力● | ウサギの五感と運動能力 ………… 44

Column　あっという間に大きくなる**ウサギの成長プロセス** ………… 46

Part 2　ウサギを迎える準備をしよう

| 準備のポイント | ウサギと快適に暮らす3つのポイント ………… 48

| 入手方法● | 自分の目で見て決めることが大事 ………… 50
| 迎える時期● | 生後2〜3か月に迎えるのがベスト ………… 52
| 選び方● | 健康なウサギの選び方 ………… 54
| 事前の確認● | 飼い始める前にここを確認 ………… 56
| ならし方● | 少しずつ環境にならしていく ………… 58
| 飼育頭数● | 単独飼育と複数飼育それぞれの魅力 ………… 60
| 他の動物との関係● | 先住ペットがいるときの注意点 ………… 62
| タイプ診断● | ウサギとよりよい関係を築くための飼い主さんのタイプ診断 ………… 64

Column　飼いウサギのルーツ**アナウサギの生態を知る** ………… 68

Part 3　心地よい住空間を準備

| 住空間のポイント | 住みやすい空間をつくる3つのポイント ………… 70

| 飼育用品● | 使いやすいグッズの選び方 ………… 72
| ケージのレイアウト● | 機能的にケージをセットしよう ………… 78

ケージの置き場所 ● 快適に過ごせるケージの置き場所 ………… 80
住空間の工夫 ● ライフスタイルに合わせた住環境を作る ………… 82
暑さ・寒さ対策 ● 暑さ・寒さを元気に乗り切るには ………… 84
掃除の仕方 ● こまめなお掃除でいつも清潔に ………… 88
消臭のコツ ● 快適に暮らすためのにおい対策 ………… 92
換毛期対策 ● 抜け毛の季節はお掃除も念入りに ………… 94
安全チェック ● 室内の環境を安全に整える ………… 96

Column　いざというときのために **ウサギの防災対策** ………… 98

Part 4　毎日のお手入れとしつけ

お手入れとしつけのポイント　お手入れとしつけ3つのポイント ………… 100

触り方のコツ ● なでられてうれしい場所 ………… 102
抱っこのしかた ● しつけの必修科目　抱っこをマスター ………… 104
子どもとふれあう ● 子どもとウサギが仲良くなるコツ ………… 108
トイレのしつけ ● トイレはにおいで覚えさせよう ………… 110
ブラッシング ● 毛の状態に合わせてお手入れを ………… 112
体のお手入れ ● 爪切りと耳・目のお手入れ ………… 117
留守番のコツ ● 留守番は少しずつならして ………… 121
お出かけのコツ ● スムーズに外出するには ………… 122
問題行動の対処法 ● しつけの悩みQ&A ………… 124

Part 5　トレーニングと遊び

ウサトレのメリット　"ウサトレ"を楽しむ3つのメリット ………… 128

トレーニングの基本 ●「できたらほめる」でやる気をアップ ………… 130
クリッカートレーニングの基本 ● クリッカーを活用して能力を引き出す ………… 132

クリッカートレーニングを実践● クリッカートレーニングをしつけ＆遊びに役立てる ………… 136
 クリッカートレーニング❶ ターゲットに鼻をつける ………… 138
 クリッカートレーニング❷ マットに乗る ………… 140
 クリッカートレーニング❸ キャリーに入る ………… 142
 クリッカートレーニング❹ 体重計に乗る ………… 144
 クリッカートレーニング❺ スピン・ターン ………… 146
 クリッカートレーニング❻ トンネルくぐり ………… 147
 クリッカートレーニング❼ ぬいぐるみにキス ………… 148
 クリッカートレーニング❽ サッカーでゴール ………… 149
ラビットホッピング● ラビットホッピング Lesson ………… 150
本能を満たす遊び● 楽しく遊んでストレス知らずに ………… 152
フード探し● フード探しでウサギの脳を活性化 ………… 154
お散歩●「うさんぽ」で外遊びを楽しむ ………… 156
室内の遊び●「へやんぽ」で運動不足を解消 ………… 160

 Column シャッターチャンスを逃さない！ **かわいいポーズを撮影するコツ** ………… 162

Part 6　健康を守る食事メニューとごはんのルール

食生活のポイント　食事で健康を守る３つのポイント ………… 164

基本のメニュー● 牧草とペレットを中心にバランスよく ………… 166
おやつとサプリメント● 体にいいおやつとサプリの選び方 ………… 172
年齢別メニュー● 年齢に応じてメニューを見直して ………… 174
食の悩み● 食のお悩み解決！ Q&A ………… 176

 Column 選ぶときにチェック！ **ペレットの成分表示の見方** ………… 180

Part 7 ウサギの病気予防

健康管理の基本 ウサギの健康を守る3つのポイント ……… 182

ウサギの病気● ウサギに多い病気の予防と対処 ……… 184
- 消化器の病気 ……… 185
- 皮膚の病気 ……… 186
- 口・歯の病気 ……… 188
- 目の病気 ……… 188
- 呼吸器の病気 ……… 189
- 泌尿器・生殖器の病気 ……… 190
- 神経の病気・ケガ ……… 191
- その他の病気 ……… 192

応急手当と看病● ウサギの不調にはあわてず対処 ……… 194

マッサージのしかた● マッサージで体と心をいやしてあげよう ……… 197

Part 8 シニアウサギのお世話とつきあい方のコツ

長寿のポイント 健康長寿のための3つのポイント ……… 202

加齢による変化● 体の変化をチェックしよう ……… 204

飼育環境● ライフスタイルを見直そう ……… 206
- 住環境　快適に暮らせるようにケージ内をリニューアル ……… 207
- 食事　主食を工夫して栄養不足を解消 ……… 210

ウサギの終活● 介護と看取りケアのポイント ……… 212

お別れ● ウサギの旅立ちの方法を考える ……… 216

ペットロス● 悲しみから立ち直るには ……… 218

Column　普段から記録しておこう **健康手帳で体調管理** ……… 220

健康手帳❶　**今日の体調記録** ……… 221

健康手帳❷　**毎月の体重変化グラフ** ……… 222

Part
1

ウサギと暮らす
基礎知識

お気に入りのウサギと出会う 3つのポイント

ウサギには、いろいろな品種とカラーバリエーションがあります。お気に入りのウサギと出会うために、どんなタイプがいるのか知っておきましょう。

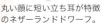
丸い顔に短い立ち耳が特徴のネザーランドドワーフ。

小型から大型まで体のサイズはいろいろ

現在ペットとして飼われているウサギは、アナウサギが家畜化されたのが始まりです。その後品種改良され、たくさんの品種が登場しています。日本でのウサギの一般的な分類は、ARBA（アメリカン・ラビット・ブリーダーズ・アソシエーション）の基準にのっとり、49品種が公認されています（2019年3月現在）。

人気が高いのは、マンションなどでも飼いやすい体重1～2kgの小型種です。ほかに2～4kgの中型種、それ以上の体重がある大型種もいます。

立ち耳か垂れ耳か毛の長さや手触りもさまざま

ウサギというとピンと立った耳を連想する人も多いでしょうが、耳が垂れたタイプもいます。また短毛種、長毛種と毛の長さにもタイプがあります。フワフワした手触りの毛質のウサギもいれば、ツルッとしたビロードのような手触りのウサギもいます。

カラーバリエーションはとても豊富

ウサギは毛色のバリエーションもとても豊富です。ペットとして人気が高いネザーランドドワーフやホーランドロップは、非常に多くのカラーバリエーションがあります。

ARBAではカラーの分類を品種ごとに定めています。たとえばネザーランドドワーフでは、全体の毛色が同じ「セルフ」、グラデーションがきれいな「シェイデッド」など、6つのカラーグループに分けられています。

フワフワした長い毛が手触りのいいジャージーウーリー。

カラーの分類

ARBAではウサギのカラーを品種ごとに、グループに分類しています。ここでは **ネザーランドドワーフ**（6グループ）と **ホーランドロップ**（8グループ）の分類を紹介しましょう。

全体の色が同じ
セルフ Self
（ネザーランドドワーフ／ホーランドロップ）

体全体、頭、前足、後ろ足、しっぽすべてが同じカラー。
色名● ブラック、ブルー、チョコレート、ライラックなど

ブルー

グラデーションがきれい
シェイデッド Shaded
（ネザーランドドワーフ／ホーランドロップ）

基本色が濃い色から薄い色へ少しずつ変化していくカラー。濃い色は背中、頭、耳、しっぽ、前脚、後ろ足にあり、体側からおなかにかけて薄くなる。
色名● サイアミーズセーブル、セーブルポイント、トータスなど

トータス

1本の毛が3色以上に
アグーチ Agouti
（ネザーランドドワーフ／ホーランドロップ）

1本の毛が3色かそれ以上にはっきりと色分けされている。息を吹きかけると、リング状の模様が見られる。
色名● チェスナット、チンチラ、リンクス、オパールなど

リンクス

色の対比が特徴的
タンパターン Than Pattern
（ネザーランドドワーフ／ホーランドロップ）

頭、背中、胸、体側、しっぽの上側、耳の裏、後ろ足、前足の前側は公認色で、それ以外の部分とは対照的なカラーになっている。
色名● ブラックオター、ブルーオター、チョコレート、シルバーマーチンなど

ブラックオター

猫や犬のようなぶち模様
ブロークン Broken
（ネザーランドドワーフ／ホーランドロップ）

毛色のベースは白で、それぞれの品種の公認色がまだら模様になっている。斑点状のスポッテッドパターンと、帯状に模様が入ったブランケットパターンがある。
色名● ブロークンブラック、ブロークンオレンジなど

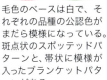
ブロークンセーブルポイント

他のグループにない色
AOV Any Other Variety
（ネザーランドドワーフ）

ほかのどのグループの色にも属さない体色。ネザーランドドワーフの場合のみ。
色名● フォーン、オレンジなど

オレンジ

単色に見えるが薄い部分も
ワイドバンド Wide Band
（ホーランドロップ）

同じ色合いが体全体、頭、耳、しっぽ、足にある。薄い色が、目のまわり、耳の内側、しっぽの下、あご、おなかにある。
色名● クリーム、フォーン、オレンジなど

オレンジ

チックド Ticked
（ホーランドロップ）

毛の根元や表面の色とは全く違う1色、または毛先の色が違う毛が混ざっている。
色名● スチール

ポインテッドホワイト Pointed White
（ホーランドロップ）

毛色のベースは白で、耳先、鼻先、足先、しっぽに色が入っている。目はピンクの虹彩にレッドの瞳。
色名● ブラック、ブルー、チョコレートなど

カラーバリエーションが豊富な人気者
ネザーランドドワーフ
Netherland Dwarf

DATA
原産国	オランダ
体長	25cm前後
体重	0.8～1.3kgくらい
タイプ	小型種、短毛、立ち耳

性質
人によくなれて、コミュニケーションが楽しめます。好奇心が旺盛で活発、いろいろな表情を見せてくれます。臆病な一面もあり、個体によっては飼い主さんになれるまでに時間がかかることもあるかもしれません。それぞれのウサギの個性やペースに合わせてあげることが仲良くなる秘訣です。

カラーバリエーション
オレンジやフォーン、ブラック、チョコレートなどの単色、色の混じったタンパターン、シェイデッドなど。

体の特徴 ピンと立った耳と、丸い体つきがキュート

耳　短い立ち耳で、先端が丸い。

目　丸くくっきりしていて、大きい。

毛　「ロールバック」といって、逆なでしてもゆっくりもとに戻る柔らかさがある。

短くコンパクトで、丸みを帯びている。

color
オレンジ（AOV）
明るいオレンジ色が基調色。目のまわりやあごの下、耳の内側、おなかや足の内側は白。目はブラウン。色のトーンには個体差があります。

color
セーブルポイント（シェイデッド）
クリーミーホワイトの体に、鼻先や足先、耳、しっぽがセピアブラウンのグラデーション。目はブラウン。

color
チョコレートオター（タンパターン）
濃厚なチョコレート色が基調でおなかは白。首の後ろのマーキングはフォーン（淡いオレンジ）。目の色はブラウン。

Part 1 ウサギと暮らす基礎知識　品種とカラー

ネザーランドドワーフ Netherland Dwarf　カラーバリエーション

color
ブルーオター（タンパターン）

濃いグレーが基調色。おなかは白で、首の後ろはフォーン。目はブルーグレー。

color
フォーン（AOV）

「フォーン」とは子鹿のこと。クリーム色がかった薄いオレンジの毛色です。目はブルーグレー。

color
サイアミーズセーブル（シェイデッド）

全身がセピアブラウン、顔、体の側面、胸、おなか、足は色が濃くなっています。目の色はブラウン。

color
チョコレート（セルフ）

深みのある濃いチョコレート色。適度に光沢があり、味わい深い色合いです。目はブラウン。

color
ライラック（セルフ）

ライラックの花を思わせる、ピンクがかったグレーが美しい深みのある色。目はブルーグレー。

color
チンチラ（アグーチ）

一見全身が薄いグレーに見えますが、よく見ると霜降り状になっています。下毛が濃い灰色、中間がパールホワイト、上毛が黒い差し毛が入ったパールホワイトになっています。目はブラウン。

color
チェスナット（アグーチ）

シックなチェスナットブラウン（栗毛色）で、黒い差し毛が見えます。目はブラウン。

アグーチの見分け方

白い部分以外の毛が、1本1本根元から毛先まで同じ3色以上に分かれています。息を吹きかけると、リング状の模様が見えます。

Part 1 ウサギと暮らす基礎知識 品種とカラー

温厚な性質で、初めてでも飼いやすい

ホーランドロップ
Holland Lop

DATA
原産国	オランダ
体長	35cm前後
体重	1.3〜1.8kgくらい
タイプ	小型種、短毛、垂れ耳

性質

多くの個体は温厚で、人間の手をこわがることがなく、触られることを嫌がりません。アメリカでは、ペットセラピーでも活躍しています。

抱っこやトイレのしつけなどは、ネザーランドドワーフに比べると、覚えるまで少し時間がかかります。

カラーバリエーション

オレンジ、クリーム、ブラック、チョコレートなどカラーバリエーション豊富で、ぶち模様（ブロークン）、シェイデッドなども充実しています。

体の特徴　丸い顔、スプーンのようなかわいい耳

目 丸く、顔の深い位置にある。

耳 両耳は目の真横に付き、頬に沿うように垂れ下がっている。厚く幅があり、毛が充分生えている。

頭 頭頂部から後頭部に、クラウンと呼ばれる太い帯状の毛の盛り上がった部分がある。

毛 つやがあり、密生して柔らかい手触り。逆なでしてもゆっくりもとに戻るロールバック。

ロップ系（垂れ耳）の中で最小だが、肉づきがよく筋肉質。

color
オレンジ（ワイドバンド）

温かみのある色で、人気があるカラーです。おなかや足先などは白っぽくなっています。目はブラウン。

color
ブロークントータス（ブロークン）

トータスとは英語でリクガメのこと。亀の甲羅のような茶色が、頭や背中、おしりなどに不規則に入っています。目はブラウン。

color
ブルー（セルフ）

ブルーがかった濃いグレーが基調。落ち着いた色ですが明るさもあり、独特なカラーリング。目はブルーグレー。

Part 1 ウサギと暮らす基礎知識　品種とカラー

ホーランドロップ
Holland Lop

カラーバリエーション

color
クリーム（ワイドバンド）

クリーミーベージュがベースで、ホワイトが全体にかかったような、やさしい色合いです。首まわりやおなかは白です。目はブルーグレー。

color
スクワレル（アグーチ）

「スクワレル」とはリスのこと。上品なグレーの濃淡が美しい豊かな被毛は、名前どおり野生のリスの毛色によく似ています。目はブルーグレー。

color
トータス（シェイデッド）

茶色の毛並みに、鼻のまわりや耳、足やおなかが黒っぽい色のグラデーション。トータスとは英語でリクガメのことで、亀の甲羅のような色を表します。目はブラウン。

color
オレンジ（ワイドバンド）

温かみのある色で、人気があるカラー。おなかや足先などは、白くなっています。目はブラウン。

color
チョコレートオター（タンパターン）

基調となるのは、濃厚なチョコレート色。おなかは白で、首の後ろのマーキングはフォーン。目の色はブラウン。

color
ブロークンブラック（ブロークン）

ブラックのぶち模様。遠くから見ると、ひげのように見える模様が個性的。こんな模様の入り方も、たまにあります。目はブラウン。

color
ブロークンオレンジ（ブロークン）

淡いオレンジ色がぶちになっています。とてもかわいらしい色合いです。目はブラウン。

「スポッテッドパターン」と「ブランケットパターン」とは？

カラーバリエーションが豊富なブロークンには、「スポッテッドパターン」と「ブランケットパターン」の2種類があります。「スポッテッドパターン」は全体にぶち（スポット、まだら）状の模様があるもののことです（写真左）。一方「ブランケットパターン」とは、ひざかけを広げたように背中全体に色がわたっているものをいいます（写真右）。またブロークンでは、全身の10％以上70％未満にカラーがついているのがよいとされています。

スポッテッドパターン　　ブランケットパターン

Part 1 ウサギと暮らす基礎知識　品種とカラー

優雅な長毛に包まれ、性格もおだやか
ジャージーウーリー
Jersey Wooly

DATA

原産国	アメリカ ニュージャージー州
体長	25cm前後
体重	1.3〜1.6kgくらい
タイプ	小型種、長毛、立ち耳

性質

控えめでのんびりしたウサギが多く、抱っこやグルーミングなどの体のお手入れもおとなしくさせてくれます。スキンシップを楽しみたい飼い主さんには、おすすめの品種です。

またおだやかな性質で、甘えん坊な面もあります。手がかからないのですが、飼い主さんがウサギの気持ちを察してあげることも大事です。

カラーバリエーション

アグーチ、ブロークン、セルフ、シェイデッドなどカラーバリエーション豊富。短毛種と違い、淡い優しい色合いのものもいます。

体の特徴 ▶ 手触りのいい被毛に覆われ、短くコンパクト

耳：短く、厚みがあり、耳の先はわずかに丸い。理想的な長さは約6cm。耳の付け根に、ウールキャップという飾り毛がある。

目：目の色は被毛のカラーによって異なる。

毛：少し硬めの手触りで、光沢があり、長毛だが絡みにくい。理想的な毛の長さは約7.5cm。最低でも4cm弱くらい。

しっぽ：まっすぐでボディカラーとマッチしている。

短くコンパクトで、体高と体の幅はほぼ同じ。

color ブロークントータスシェル（ブロークン）

茶色いトータスシェルのカラーがぶちになっています。目はブラウン。目のまわりと耳の先が、トータス独特の茶色をしています。

color オレンジ（未公認カラー）

ARBAではまだ公認されていませんが、シックな色合いの多いジャージーウーリーの中では、人気のあるカラーです。

アメリカンファジーロップ
ぬいぐるみのように愛らしい
American Fuzzy Lop

DATA
原産国	アメリカ
体長	35㎝前後
体重	1.3〜1.8kgくらい
タイプ	小型種、長毛、垂れ耳

性質
ホーランドロップの長毛タイプから生まれた品種で、モヘヤの毛糸で作ったぬいぐるみのような愛らしい姿が印象的です。好奇心が旺盛で、人をあまりこわがりません。

ホーランドロップ同様に人の後をついてまわり、よくなついてくれます。ただややシャイな一面もあります。

カラーバリエーション
アグーチ、ブロークン、シェイデッドなどカラーバリエーション豊富。

体の特徴　ふわふわな縮れ毛に覆われている

頭　頭は肩の高さの中ほどにぴったりとついている。幅があり、横からだと顔が平らに見える。

目　丸く輝きがある。色は被毛のカラーによって異なる。

耳　頭の上につき、両脇から垂直に垂れ下がっている。あごの下1〜2cmくらいまでの長さが理想的。

毛　手触りは少し粗く、柔らか過ぎない。長さは短くても5cmくらい。

がっしりした筋肉質で、コンパクトでバランスがいい。

color トータスシェル（シェイデッド）
オレンジがかった茶色で、顔、耳、足、しっぽが黒っぽいグラデーションになっています。目はブラウン。

color チェスナット（アグーチ）
チェスナットとは、英語で栗の実のこと。シックで温かみのあるカラーで、人気があります。目はブラウン。

ビロードのような手触り

ミニレッキス
Mini Rex

DATA
原産国	アメリカ
体長	30cm前後
体重	1.5〜2.0kgくらい
タイプ	小型種、短毛、立ち耳

性質
頭の回転がよく、飼い主さんの行動をよく観察します。大きくなって落ち着いてくると、抱っこを嫌がることも少なくなります。

触られるのが好きで、大人のウサギでは飼い主さんのひざの上で寝てしまうことも。ただしこわがりなウサギもたまにいます。

カラーバリエーション
ミニレッキスはカラーグループはなく、単独の色で分類される。レッド、ブロークン、ヒマラヤン、リンクスなどバリエーション豊富。

体の特徴 小柄だが筋肉質で脚力が強い

頭　肩にぴったりとついていて、ふっくらした顔とあごをしている。

耳　厚みがあって比較的短く、しっかりと頭の上のほうに立っている。

毛　非常に密生していて、上に向かってまっすぐに生えている。理想の長さは約1.5cm。

目　丸く輝いている。

小柄だが筋肉質で、バランスが取れている。

color レッド
全身の被毛が同じ長さで高密度に生えていて、光沢があります。深みのある赤茶色が魅力的です。

color オパール
青みを帯びた、つやのある毛色が美しい。

アイラインを描いたような目が印象的
ドワーフホト
Dwarf Hotot

DATA	
原産国	ドイツ
体長	25cm前後
体重	1.0～1.3kgくらい
タイプ	小型種、短毛、立ち耳

性質

活動的で非常に人なつっこいウサギです。好奇心は旺盛で、ネザーランドドワーフよりも臆病さがありません。そのため「うさんぽ」などにも、すぐになれる個体が多いようです。

気が強いところもありますが、飼い主さんにはよくなれてくれるので飼いやすい品種です。

カラーバリエーション

全身はホワイトのみ。目のまわりのアイバンドにより、ブラック、チョコレートと呼ばれる。

体の特徴 純白の毛に、アイバンドが映える

耳
短く厚みがあって、充分に毛が生えている。頭の上に直立するようについている。

目
目のまわりにアイバンドと呼ばれるふちどりがある。濃いブラック、またはチョコレート色。

頭
肩にぴったりとついていて、ふっくらした丸い顔をしている。

毛
柔らかく密生していて、細くてつやがある。逆なでしてもゆっくりもとに戻るロールバック。

ネザーランドドワーフを交配してできた品種なので、体型はネザーランドに似ている。

color
ブラック

被毛は、全身がホワイトのみ。目のまわりのアイバンドにより、ブラック、チョコレートと呼ばれる。

子犬のようなルックスが愛らしい

イングリッシュアンゴラ
English Angora

DATA
原産国	トルコ　アンカラ
体長	35cm前後
体重	2.3〜3.4kgくらい
タイプ	中型種、長毛、立ち耳

性質

性格はおとなしいウサギが多く、あまり活発ではありません。人になれても、自分から積極的にはあまりアプローチしてきません。また我慢強い性格で、体調が悪いときなど気づきにくいことも。

長い被毛を美しく保つためにしっかりグルーミングをしてあげましょう。

カラーバリエーション

セルフ、アグーチ、シェイデッド、ワイドバンドなどカラーバリエーションは豊富。

体の特徴　顔のまわりや耳の先まで毛で覆われている

頭　丸くて短く、幅があり、体にぴったりとくっついている。

耳　比較的短く、豊かな縁毛や耳の先にはタッセルと呼ばれる飾り毛がある。

毛　体全体に長い毛が密生している。手触りはシルキーで柔らかい。長さは9〜13cmくらいが理想的。

目　丸く輝きがある。

足　前足はつま先まで毛で覆われている。後ろ足には充分な飾り毛がある。

犬のペキニーズのように、全身が毛で覆われている。

color
チョコレート（セルフ）

淡いベージュが柔和な印象です。顔は額のあたりを中心に、色が濃くなっています。

color
オパール（アグーチ）

グレー、ブラウンなどが混ざっています。背中はやや色が淡くなっています。

光沢のある美しい被毛
ミニサテン
Mini Satin

DATA	
原産国	アメリカ　ミシガン州
体長	30cm前後
体重	1.5〜2.2kgくらい
タイプ	小型種、短毛、立ち耳

性質

サテンを小型サイズに改良して作られ、2006年にARBAに登録された比較的新しい品種です。ガラスのように透き通る被毛の美しさ、コンパクトな体格で、ペットとして人気が高まりつつあります。

カラーバリエーション

レッド、ブラック、ブルー、ブロークン、チンチラなど

体の特徴　光沢のある被毛が体を覆う

耳　毛が充分に生えていて、しっかりと直立している。

頭　丸くてふっくらしていて、短い首で体についている。メスよりオスのほうが、よりがっしりしている。

毛　シルキーで細く、密生している。毛幹部が光を反射して、ガラスのように輝く。

発達した肩と後ろ半身を持ち、やや短く詰まっている。

color
レッド
赤みの強い茶色い被毛。光が当たるとガラスのようにキラキラと輝きます。

ふさふさのたてがみがチャーミング

ライオンヘッド
Lion Head

DATA
原産国	ベルギー
体長	30cm前後
体重	1.3〜1.7kgくらい
タイプ	小型種、長毛、立ち耳

性質

　名前の通り、ライオンのたてがみのような長い毛がトレードマーク。ライオンはオスにしかたてがみがありませんが、ライオンヘッドにはオス、メスともにあります。活動的で温厚な性格です。なお日本で生まれたライオンラビットという品種がいますが、それとは別ものです。

カラーバリエーション

チョコレート、シール、サイアミースセーブル、ルビーアイドホワイト、トータス（ブラック、ブルー、チョコレート、ライラック）がある。

体の特徴　短くコンパクトで肉づきがいい

耳
比較的短く、豊かな縁毛や耳の先にはタッセルと呼ばれる飾り毛がある。

毛
ライオンのたてがみのように、羊毛状の長い毛が生えている。頭のまわりを完全な円形で覆い、首の後ろにV字型に伸びている。

頭
丸みがあり、目と目の間には充分な幅がある。口先はふっくらしている。首は非常に短い。

短くコンパクトで、充分に丸みがある。

color　トータス

オレンジがかった茶色が基調で、顔や足先、しっぽなどは黒っぽいグラデーションになっています。

color　ブラックオター（未公認色）

グレーに黒が混ざったような微妙な色合いが個性的。背中や顔のまわりは、色が濃くなっています。

長くて幅広の耳が個性的な大型種
イングリッシュロップ
English Lop

DATA
原産国	イギリス
体長	40cm前後
体重	4.0～5.0kgくらい
タイプ	大型種、短毛、垂れ耳

性質
世界一耳の長いウサギとして、ギネスブックにも掲載。性質はとてもおだやかで、頭がよく人になつきます。

カラーバリエーション
アグーチ、ブロークン、セルフ、シェイデッドなどカラーパターンは豊富。

体の特徴：マンドリンのような体型

- **頭**：幅があり、頬はふっくらとしていて、口先に向けて少し細くなっている。
- **毛**：シルクのようななめらかな手触り。
- **耳**：長さは少なくても53cmあり、耳の長さの約4分の1の幅があることが理想的。
- 肩の後ろからおしりにかけて、緩やかなカーブを描く。

color：オレンジ（ワイドバンド）
うす茶色の短い毛並み。カラーはロップ系全般とほぼ同じです。

体に沿って垂れる耳が特徴的
ヴェルベッティンロップ
Velveteen Lop

DATA
原産国	アメリカ
体長	35cm前後
体重	2.2～3.0kgくらい
タイプ	中型種、短毛、垂れ耳

性質
アメリカのブリーダーがイングリッシュロップとミニレッキスを交配して作った新しい品種（ARBA申請中）。毛質はレッキスのようになめらかで、ロップ系のずんぐりしたボディです。活発で明るく、よくなつきます。

体の特徴：毛質はレッキス、ボディはロップ系

- **頭**：幅があり、頬はふっくらとしていて、口先は少し細い。
- **耳**：頭の上のほうから、垂直に垂れ下がる。ボディとバランスのとれた長さが良い。
- **毛**：ベルベットのようななめらかな手触り。
- ずんぐりした体型と、長く垂れた耳が特徴。

color：ブロークンオレンジ（ブロークン）
白いベースにフォーンのぶち。目はブラウン。

Part 1 ウサギと暮らす基礎知識 品種とカラー

ウサギとの暮らし
3つの魅力

ペットとして大人気のウサギたち。愛らしさはもちろん、飼いやすく、コミュニケーションを楽しめるのも人気の理由です！

魅力1
愛らしい姿にとにかくいやされる

長い耳に宝石のようにキラキラした瞳、手触りのいい被毛に覆われた体と、ウサギは見た目のかわいさが抜群。ペットショップでひと目惚れしてしまう飼い主さんが多いのも納得です。その愛らしさは、暮らしに潤いを与えてくれます。疲れたときも、悲しいことがあったときも、愛らしい姿を見ているだけでいやされます。

魅力2
においが少ないので室内飼いでOK

ウサギは自分で毛づくろいをするきれい好き。トイレを覚えるウサギも多いものです。においが少なく、おうちの中で飼っていても気になりません。昔は屋外で飼うのが普通でしたが、今ではおうちの中のケージで飼うのがポピュラーになりました。マンションなどの集合住宅や、庭がない家など、どこでも飼うことができます。

ウサギのかわいい姿を見ているだけで、とってもいやされます。

魅力 3

誰でも飼いやすく トレーニングも楽しめる

　小さい子どもから高齢の方まで、幅広い年代の人におすすめです。ふれあい方を覚えれば、子どもでもお世話ができますし、お世話にあまり手間がかからないので、忙しい人でも無理なく飼えます。また、ウサギは賢い動物。クリッカートレーニング（Part 5）などをすると、いろいろなことができるようになります。飼い主さんとウサギで一緒に楽しめる競技もあります。

子どもにもお世話の仕方を教えてあげましょう。

ウサギと仲良くなるコツは？

表情やしぐさをよく観察して気持ちをキャッチしましょう。

ウサギの個性を大切にする

おっとりしていたり、やんちゃだったり。ウサギにもそれぞれ個性があります。それぞれの個性を魅力と捉えてつきあうことで、もっと仲良くなることができるでしょう。

ウサギの行動から 気持ちをつかむ

ウサギは言葉を話しませんが、その分しぐさや行動で気持ちを表現しています。ウサギをよく観察し、行動の意味を知ることで、気持ちを理解して仲良くなることができるでしょう。

性別や年齢に応じた 飼い方を

人間や他の動物と同様、ウサギにもオスとメスで性質に特徴があります。また、成長段階によって体や心に変化が表われます。性差や年齢に応じた対応を心がけましょう。

Part 1　ウサギと暮らす基礎知識　ウサギの魅力

行動と気持ち

しぐさから知る
ウサギの気持ち

🐰 行動で、ウサギの喜怒哀楽がわかる

ウサギと毎日接していると、表情やしぐさから、だんだん気持ちがわかるようになってきます。ご機嫌なときは、しっぽを振ったり、その場でジャンプしたりします。また不安があるときは、耳をピンと立てます。

遊んだり、お世話したりするときは、ウサギのしぐさから彼らの気持ちを察して接してあげると、もっと仲良しになれます。

ご機嫌なとき

➡ しっぽを振る
　その場でジャンプ

「ごきげーん！」
フリフリ

機嫌がいいときは、犬のようにしっぽを振ります。好物をもらうと、この動作をすることも。またその場でジャンプするのも機嫌が良い証拠。体をねじったり、左右にジャンプすることもあります。

かまってほしいとき

➡ 手をなめる
　鼻でツンツン

「遊ぼうよ〜!!」
ツンツン

飼い主さんに甘えたい、なでてほしいというときには、人間の手や指をなめることが多いようです。また退屈して遊んでほしいときは、鼻で足などをつついたり、まわりをグルグル回ることがあります。

リラックスしているとき

➡ 足を伸ばして、横になる

リラックスしているときは、おなかを地面につけて足を伸ばして、ペタッと寝そべることがあります。あお向けになって寝てしまったり、大きなのびやあくびをしたりすることも。

不満があるとき

➡ 足をダンダン踏み鳴らす

野生のウサギは仲間に危険を知らせるときに、後ろ足で地面を強く叩く「スタンピング」という行動を行います。ペットの場合は、不満があるとき、相手を威嚇するとき、興奮しているときなどに、足を踏み鳴らすことがあります。

警戒しているとき

➡ 後ろ足で立つ
　耳をピンと立てる

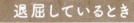

ウサギは優れた聴力で、身のまわりの危険を察知します。後ろ足で立ち、周囲を見渡したり、耳をピンと立てたりしているときは、何かを警戒しています。

退屈しているとき

➡ ものをひっくり返す

フード入れなどを口でくわえてガタガタ揺すったり、ひっくり返したりするのは、遊びとして退屈しのぎにしているか、ストレス発散をしているかのどちらかです。

ペットでも本能に基づく習性が残っている

ケージの床を掘るような行動、あごをおもちゃにスリスリする行動など、ウサギには本能に基づく行動もいくつか見られます。

「何でこんなことするのかな？」と思う飼い主さんもいるかもしれません。

しかし本能的にしている行動をやめさせることは難しいものです。

ただ、本能的な行動を減らすことは可能です。たとえばあちこちに尿をする行動が見られたら、サークルで行動範囲を制限するなどの対策をしましょう。

ホリホリする

ケージの床やじゅうたんなどを掘る行動をするウサギもいます。穴を掘るのは、ペットのウサギたちのルーツであるアナウサギの習性なので、やめさせるのは難しいもの。153ページで紹介している「掘る遊び」をすることで、行動が収まることがあります。

食糞（しょくふん）

ウサギが肛門に口をつけて、フンを食べていることがあります。目撃した飼い主さんはびっくりするかもしれませんが、これは「食糞」といってウサギにとっては必要な行動です。ウサギはコロコロしたフンのほかに、ブドウの房のような形状の軟らかいフンもします。これにはタンパク質とビタミンB群が豊富に入っていて、大切な栄養源です。もし食べているのを見ても、叱ったりしないで。

においつけ

下あごをハウスなどにこすりつける。こんな行動をしているときは、自分のにおいをつけて、「ボクの家だぞ！」とアピールしています。ウサギには下あごのあたりに臭腺というにおいが出る部位があります。
野生では縄張りに侵入するウサギに対して、縄張りであることをわからせるために、下あごを草や枝にこすりつけてにおいをつけます。

スプレー

ウサギは思春期を迎えると、スプレー（尿をかけること）で縄張りをアピールすることがあります。またオスの場合は、メスに対する求愛行動で行うこともあります。まれにフンをまき散らす場合も。部屋に出すときは、サークルやパーテーションで行動範囲を区切るなどの対策が必要です。
オスの場合は去勢手術も対策のひとつです。

いきなりバタンと倒れるのはなぜ？

ウサギはリラックスして休みたいとき、眠いときに突然バタンと倒れこみます。ケージの中や外に限らず、ときどき見せるしぐさです。初めて見ると「具合が悪くなったのかな？」と心配になるかもしれませんが、大丈夫。顔を見ると、おだやかで安心した表情をしているはずです。

point
鳴き声にも耳を傾けてみよう！

注意深く聞いていると、ウサギが鳴き声をたてていることがあります。「ブウブウ」という鳴き声は、興奮しているときに出ることが多いようです。また怒ったり、苦痛を訴えたりするときは「キーキー」と鳴くことがよくあります。鳴き声それ自体よりも、その声を出した前後の行動などを観察すると、さらに彼らの気持ちがよくわかるようになります。

Part 1 ウサギと暮らす基礎知識　行動と気持ち

年齢による変化

ウサギの成長とお世話のポイント

🐰 ウサギの1歳は人の20歳

　ウサギはあっという間に成長します。家に迎えてすぐはかわいらしい赤ちゃんウサギだったのに、1歳を迎える頃には立派な大人になります。

　正しい飼い方が普及し、ウサギを専門に診てくれる獣医さんが増えてきたことから、ウサギの平均寿命はどんどん延びています。以前は5～6年とも言われていた平均寿命ですが、今では10歳を超えることも珍しくありません。

　ウサギが充実した一生を送れるように、それぞれの年代に必要なケアをしっかりしてあげましょう。

ウサギ	人間
1か月	2歳
2か月	5歳
3か月	7歳
6か月	13歳
1歳	20歳
3歳	34歳
5歳	46歳
6歳	52歳
7歳	58歳
9歳	71歳
10歳	76歳
11歳	82歳
13歳	91歳
14歳	98歳

成長期 0～1歳
3か月を過ぎるあたりからの「思春期」対策をしっかりと

　1歳を迎えるまでは、大切な成長期です。性的な成熟が始まる3～4か月くらいになると、それまでと心も体も大きく変化してきます。縄張り意識や巣を守ろうとする行動が出始め、今まで人なつこかったウサギが急に抱っこを嫌がるようになったり、飼い主さんに突然かみついてきたりするようになることがあります。ウサギの変化を理解してあげて、必要に応じてしつけをしたり、生活環境を見直したりしてあげましょう。

➡ 思春期対策は124～126ページ参照

維持期 1〜5歳

肉体的、精神的に充実した時期
個体差に合わせた環境整備を

成長期が過ぎた1歳から5歳くらいまでは、最も活動的で心身ともに大人になる時期です。個体差はありますが、発情期を除いては安定した生活を送るようになります。トレーニングや遊びを通して、ウサギの能力をどんどん伸ばしてあげましょう。

中年期 5〜7歳

体も心も変化するシニア期の到来
生活全体を見直してあげて

行動面も落ち着き、充実した年代ですが、5歳を迎える頃から心身に変化が出てきます。運動量が減る、代謝が落ちて太りやすくなってくるなど、人間でいうところの中高年に差し掛かってきます。
体の変化にすぐに気づいてあげられるように、日々の健康チェックをしっかり行い、年2回を目安に健康診断を定期的に受けるようにしましょう。また食生活も見直して、必要に応じてシニア用フードなども取り入れるようにしましょう。

➡ シニア期のお世話はPart 8を参照

高齢期 7歳以上

元気に長生きできるように
健康管理をしっかりと

この時期になるとさらに運動量が減っていきます。じっとして動かなくなることも多く、筋力が衰え、脂肪がつきやすくなります。健康状態に応じて、必要なお世話をしっかりしてあげましょう。またゆったりと過ごせるようにケージ内のレイアウトを見直すことも大切です。

性別による違い

オスとメスの違いを知っておこう

🐰 オスは人なつこく、メスはマイペース

　オスとメスでは体のつくりだけでなく、性質にも違いが見られます。一般的にオスはいつまでも子どものように無邪気で、メスはどちらかというと自我があり、気位も高いお姫様的な個体が多いようです。

　ただし個体差も大きいので、「オスだから飼い主さんになれやすい」「メスだから自我が強い」などとは言い切れません。

　ウサギにも人間と同じように思春期があります。体が性成熟する生後3〜4か月くらいになると、オスはスプレー行動（次ページ）などを頻繁にするようになることがあります。

　また避妊手術をしていないメスは、自分のテリトリーを守ろうとする防衛本能が強く働き、抱っこや体のお手入れを嫌がることもあります。

男の子と女の子で違いがあるよ

オスとメスの見分け方

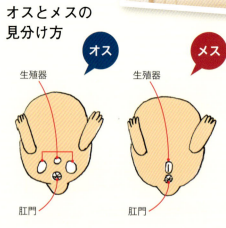

　大人になったオスには睾丸があるので、すぐに見分けがつきます。ただ生後3か月くらいまでは睾丸がおなかの中に隠れているので、性別はわかりにくいものです。この場合、生殖器の周囲を押して先端を広げてみて、先端が丸くなっていればオス、スリット状ならメスです。またメスはオスよりも、生殖器が肛門と近く、つながっているように見えます。微妙な差なので、ウサギ専門店のスタッフなどに、見分けてもらいましょう。

オス の特徴

- あごをこすりつける「においつけ」を、メスよりも頻繁にする。
- 発情や優位性を表すために、交尾のような行動「マウンティング」をする。
- 縄張り意識が強く、思春期になると尿をまき散らす「スプレー行動」をすることがある。

メス の特徴

- 避妊していない場合、出産・子育てに必要な縄張りを守ろうとする。
- 発情、妊娠すると、気が荒くなる。
- "偽妊娠（ぎにんしん）"といって、妊娠していないのに巣作りなどをする行動をとることがある。
- 2、3歳以上になるとあごの下の皮膚のひだ"肉垂（にくすい）"が目立つことがある。

point

繁殖の予定がないならば、早めに避妊・去勢手術を

ウサギはとても繁殖力が高い動物で、性成熟が早く、メスは生後3か月くらい、オスも5か月くらいから生殖機能が備わってきます。また発情のサイクルが短く、性衝動も強いため、スプレー行動やマウンティングなどを頻繁に行うようになることがあります。

もし繁殖の予定がないなら、早めに避妊・去勢手術を受けることも考えましょう。シニアになるとメスは子宮の病気、オスは睾丸のガンなどになることもありますが、それらの病気の予防にも役立ちます。

手術は生後4か月くらいから受けられるので、希望する場合は獣医さんに相談してみましょう。

体のしくみ

ウサギの体の特徴を知っておこう

骨格

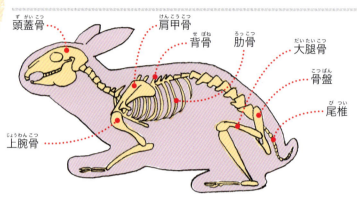

頭蓋骨（ずがいこつ）／肩甲骨（けんこうこつ）／背骨（せぼね）／肋骨（ろっこつ）／大腿骨（だいたいこつ）／骨盤（こつばん）／尾椎（びつい）／上腕骨（じょうわんこつ）

　ウサギは強い筋肉をもっています。骨格を動かす筋肉（骨格筋）の量は体重の50％を超えますが、これに比べて骨格はかなり軽く、体重あたりの比率は7〜8％程度です（猫は12〜13％）。
　そのため骨が弱く、抱っこのときに誤って落としてしまったり、高いところから飛び降りたりすると、骨折することがあります。
　ウサギは抱っこを嫌がったときなどに、強い力で後ろ足をばたつかせることがあります。こうしたとき、骨に比べて後ろ足の筋力が強いため、脊椎などの骨折を起こすことがあります。無理に押さえつけたりするのはやめましょう。

被毛

年に2回、換毛期がある

　毛色や毛質のバリエーションが豊富なウサギ。ウサギの被毛は短くて柔らかいアンダーコート（下毛、二次毛）と、長いオーバーコート（上毛、一次毛）から成ります。
　毛の生え替わりは3か月ごとに見られ、数週間から1か月ほどかけて、頭部から尾部に向かって進んでいきます。冬毛から夏毛に替わる春、夏毛から冬毛に替わる秋の年2回は、特に激しく換毛します。ただし飼育環境で違いがあるので、様子を見て換毛が目立ってきたら、普段よりこまめにブラッシングをするようにしましょう。

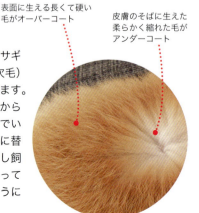

表面に生える長くて硬い毛がオーバーコート
皮膚のそばに生えた柔らかく縮れた毛がアンダーコート

内臓

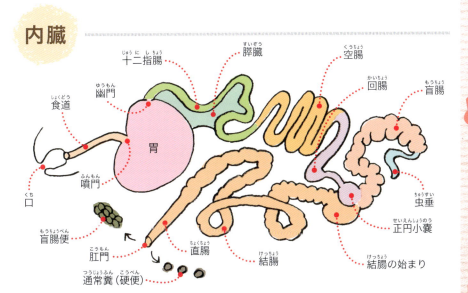

　草食動物であるウサギの内臓は、長い消化管がおなかの中を占めています。消化管は体重の10〜20％を占め、腸管の長さは体長の約10倍、全長8メートルにも及びます。

　また盲腸がとても大きく、消化管全体の約40％の容量があります。らせん状をしていて、盲腸の中では腸内細菌であるバクテリアが生息し、セルロース（植物の細胞壁）を分解する酵素を分泌し、栄養豊富な「盲腸便」を作り出しています。

　野生では常に敵に狙われているウサギは、ゆっくりエサを食べている暇はありません。食べられるときにエサを食べなくてはいけないため、常に胃腸を動かしている必要があります。

　ウサギの胃は、噴門（食道側、胃の入り口）と幽門（十二指腸側、胃の出口）の括約筋がよく発達しています。胃の形が深い袋状をしていて、噴門が狭いため、吐くことができません。

　また胃の中は空になることはなく、消化管内に入ったもののうち15％が貯蔵されています。

フンを食べる"食糞"とは？

　ウサギの便には、盲腸内で作られる栄養豊富な"盲腸便"と、排泄物である"硬便"の2種類があります。先に紹介したようにウサギは自分の肛門に口をつけて、盲腸便を食べる"食糞"を行います（36ページ参照）。

　盲腸便は軟らかく、2〜3cmほどのブドウの房状をし、周囲は緑色の粘膜で覆われています。タンパク質、ビタミンB群、ビタミンKが大量に含まれています。

ウサギの能力

ウサギの五感と運動能力

🐰 聴覚、嗅覚が特に優れている

　野生のウサギは、常に外敵から狙われています。そのためウサギは敵の気配を察する聴覚、嗅覚が発達しています。またいざという時に逃げるために、ジャンプ力、瞬発力に優れています。

　運動能力は高く、中でもジャンプ力は飛び抜けています。たくましい後ろ足を使って、高さ50〜60cm、幅1mくらいなら軽くジャンプできます。走力もかなりのものですが、長距離よりは短距離をダッシュするのが得意です。またケンカするときは、前足で強烈な"ウサパンチ"を繰り出すこともあります。

優れたジャンプ力を持つウサギ。ハードルもらくらくとび越えます。

音を鳴らす道具を使ったクリッカートレーニングはしつけにも役立ちます。

　飼い主さんの名前や自分の名前は、毎日呼んであげると覚えられます。また「ごはんだよ」「遊ぼう」「もう終わり」などの短い単語も、繰り返し教えれば覚えられるようになることもあります。

　トレーニングしたことはしっかり覚えてくれるので、ぜひクリッカートレーニング（Part 5参照）などにチャレンジしてみましょう。

視覚

うす暗くても見えて、視野が広い

ウサギの目は顔の両側についていますが、片目の視角範囲は180度前後。そのため両目を合わせれば、なんと視界はほぼ360度。周囲に敵がいないかを見渡すことができます。また光に対する感度は高く（人の約8倍）、うす暗い中でもものを見ることができます。野生では外敵に見つかりにくい、明け方や日暮れ頃に活動するのに役立ちます。ただし視力は0.05くらいしかなく、近くのものは見えにくいようです。

聴覚

左右の耳を動かして、遠くの音もキャッチ

細長い耳は集音効果が高く、小さな音も聞き逃しません。360～42,000Hzの音を聞くことができるといわれています（人間は20～20,000Hz）。また人が聞こえない周波数の高い音（超音波）も聞くことができます。耳の付け根の筋肉が発達していて左右別々の方向に向けられるので、360度どこからの音も聞こえます。

味覚

おいしいものを見分ける力が、ちゃんとある

舌はなかなか肥えていて、8000種類もの味を判断できるといわれています。ただし味覚は好き嫌いを区別するためのもので、その食べ物が安全かどうかを判断するのには役立ちません。有害なものを食べないように、飼い主さんが注意してあげて。

嗅覚

においで敵、味方もわかっちゃう

ウサギの鼻は1分間に20～120回も動きます。リラックスしているときや、調子が悪いときはあまりよく動かず、緊張、警戒しているときほどよく動きます。嗅覚はとても優れていて、においを感じる細胞の数は1億ともいわれています（人間の10倍。人間は1,000万）。

触覚

ヒゲで通り道を見つける

ウサギには頬のヒゲのほかに口元から鼻にかけてと、目の上にもヒゲが生えています。体の幅と同程度の長いヒゲがあり、これで自分の通り道の幅を計ったり、暗闇の中で道を見つけたりしています。ヒゲの根元には神経の末端があり、触れた感覚を脳に伝えています。ヒゲを切ったり、引っ張ったりするのはやめましょう。

column

あっという間に大きくなる
ウサギの成長プロセス

生後4〜6週で離乳し始める

　ウサギは繁殖力が強い動物です。メスは交尾するとそれが刺激になって排卵し、高い確率で妊娠します。

　ウサギの妊娠期間は約1か月で、小型では2〜5匹、中〜大型では4〜10匹程度の子ウサギを出産します。

　赤ちゃんウサギは母乳で育ち、4〜6週くらいで離乳し始めてペレットなどのフードを食べ始めます。

　生後2か月くらいたてば、お母さんウサギのもとを離れても大丈夫。飼い主さんのおうちに迎えることができます。この頃はモリモリ食べて体が大きく成長する時期。ペレットは食べ放題にしてOKです。

　抱っこの練習などもこの時期から少しずつ始めるといいでしょう。

生後6〜8か月でおとなの体になる

　3〜4か月を過ぎると、思春期を迎えます。自己主張が強くなったり、問題行動が出たりすることもあります。しつけや上手に気分転換させることで行動が落ち着くこともあるので、適切に対応しましょう。

　ウサギは成長が早く、生後6〜8か月くらいでおとなの体になります。成長に合わせて、フードや飼育環境の見直しをしてあげましょう。

生後1か月半

体重は約350グラム。まだ耳が小さく、体をおおう毛も柔らかくフワフワしています。

生後2か月

体重は約500グラム。半月で体重は約1.5倍と、成長著しい時期です。

3歳

体重は約1100グラム。生後6〜8か月で、しっかりしたおとなの体つきに。2〜3歳になる頃には、個体差がはっきり確立されていきます。

生後1か月半と、3歳のネザーランドドワーフ。体のバランスや顔つきも、成長とともに変わっていきます。

Part
2

ウサギを迎える
準備をしよう

ウサギと快適に暮らす3つのポイント

準備をきちんとしておけば、安心して迎えることができますね。ここでは、事前にしておきたいことや、日々の生活リズムなどのシミュレーションをしましょう。

ウサギの生活スペースを作っておこう

ウサギを家に迎えることが決まったら、家の中のどこにウサギの生活スペースを作るか決めましょう。必要なグッズもそろえて、快適に過ごせるようにしてあげましょう。家族がいる場合は、「ウサギを家族の一員として迎える」とみんなに理解してもらうことが大事です。

> ボクの居場所を用意してねー

「衣食住」のお世話をきちんとしよう

ウサギは、基本的にケージの中で一日を過ごすので、忙しい飼い主さんでも無理なく一緒に生活できます。ただし「衣食住」のお世話は、しっかりと。ウサギがいつまでも元気で、イキイキと暮らすためには、これらのお世話は欠かせません。

衣のお世話 ➡ 詳しくは Part 4
被毛のブラッシングを週1回はしてあげて。春や秋の換毛期には、頻度を増やして。

食のお世話 ➡ 詳しくは Part 6
毎日新鮮なフードと水をあげる。牧草、ペレットなど、栄養バランスを考えて。

住のお世話 ➡ 詳しくは Part 3
トイレやケージ内の汚れは、毎日きれいに。月に1回くらいは大掃除を。

ブラッシングなどのお世話はウサギと人とのスキンシップにもなります。

point 3
ふれあいタイムを上手に楽しむ

少しずつ時間をかけて、ウサギと仲良くなりましょう。ウサギはもともと、夕方と明け方に活発になります。お世話をしたり、遊んだりするのは、夕方以降がいいでしょう。昼間不在のことが多い飼い主さんも、帰宅してからふれあいタイムを持てますね。

ウサギといい関係を築くコツ

ウサギの個性を知る

人なつこいウサギもいれば、マイペースなウサギもいます。個性をよく観察することで、よりよいつきあい方ができるようになります。

自分の個性を知る

「自分はどんな飼い主なのか？」を知ることも大切です。64ページから、「飼い主さんのタイプ診断＆アドバイス」を紹介していますので、参考にしてください。

お互いを知ることでより良い関係に！

ウサギと自分自身、お互いの個性、性質がわかれば、よい関係を築いていけるようになります。毎日、ウサギの表情や行動を見ていくことで、さらに理解が深まっていくことでしょう。

> 入手方法

自分の目で見て決める
ことが大事

 ## 専門店やペットショップで入手

ペットとして人気のウサギは、ペットショップで入手できます。ただし品種やカラーなどが限られていることが多いので、自分好みのウサギを入手したいなら、ウサギ専門店がおすすめです。

専門店にはさまざまな品種、カラーバリエーションのウサギがそろっています。またスタッフがウサギに詳しいので、飼育についての不安や疑問も相談できます。グッズやフードなどの品ぞろえも豊富です。

ショップのホームページなどで、どんなウサギがいるかがわかる場合もありますが、実際に店に足を運んで、自分の目で見て、それから決めることが大事です。ウサギの健康状態を確認するのはもちろん、どんな雰囲気のウサギなのかは、直接見てみないとわかりません。

専門店には、たくさんのウサギがいます。どのウサギを迎えたいか、じっくり選んで。

check! いいショップの見分け方

1 ケージや店の中がきれい

店内はもちろん、ウサギが飼われているケージの中がきちんと掃除されているかなどをチェックしましょう。

2 ウサギに詳しいスタッフがいる

ウサギの品種による特徴、選び方、そして飼い方の相談ができると、心強いです。

3 扱っているグッズが充実している

扱う飼育グッズやフードの種類が多いと、自分のウサギに必要なものが入手できます。

知人から譲ってもらう方法

　ウサギは一度に数匹の赤ちゃんを出産します。友人宅などでウサギの赤ちゃんが生まれたら、譲ってもらうという方法もあります。分けてもらう前に、品種、性別、毛色などを確認しておきましょう。

　飼い主さんの事情で飼えなくなってしまったウサギを、里親として迎えるという方法もあります。

　里親募集はインターネットでもよく見かけますが、ネットの情報だけで決めず、ウサギの状態を実際に見てから、おうちに迎えましょう。

　新しい環境に、なかなかなじまないこともあるかもしれません。無理せず、少しずつ仲良くなるようにしましょう（Q&A 参照）。

会ってみてから決めてね！

譲ってもらう時も、必ず直接見てから決めましょう。

Q お世話を嫌がるときは

里親としてウサギを迎えて一週間経ちますが、なでることはできても、抱っこは暴れて嫌がり、ブラッシングもさせてくれません。きちんとお世話をしたいのですが、どうしたらよいでしょうか？

A 少しずつならしていく

　まずはウサギの性格や、普段どう過ごしているのかを観察することが大切です。観察することで、つき合い方や必要なしつけのヒントが見えてくることもあります。ブラッシングを嫌がるなら、ハンドグルーミングするなど、ウサギが嫌がらない範囲で、できることからしていきましょう。

> 迎える時期

生後2〜3か月に
迎えるのがベスト

体がしっかりしてくるのは生後2か月くらい

ウサギは生後3週間くらいから離乳を始め、普通のフードを食べるようになります。生まれて間もない子ウサギから育てたいという人もいますが、飼い始めるのは体がしっかりしてくる生後2か月を過ぎてからがおすすめです。

ウサギは生後3か月くらいまでは警戒心が薄く、人になれやすいです。3〜4か月頃には思春期を迎え、自己主張が強くなることも。おうちに迎えるなら、生後2〜3か月くらいのウサギがベストです。

どんなおうちに行くのかな？

体がしっかりして、人にもなれやすい生後2〜3か月がお迎えにベスト。

生後2週間

目が片方ずつ開いて、母乳のほかペレットなども少しずつ食べ始めます。少しは歩けますが、まだ跳ねたりはできません。

生後2か月

お母さんウサギと離しても、大丈夫になります。体つきもしっかりしてくるので、おうちに迎えても大丈夫です。

飼い始めるのは、春か秋がおすすめ

ウサギは真夏の厳しい暑さや、ムシムシした梅雨どきの気候が苦手。また寒い冬は温度管理をしっかりしてあげないと、体調をくずすことがあります。幼い子ウサギを迎えるには、気候がおだやかな春や秋がおすすめです。

春や秋でも、朝晩冷え込むときがあります。子ウサギは、急激な温度の変化で体調をくずすことも。ケージの置き場所の温度をチェックして、寒くなりそうだったらエアコンで温度調整したり、ケージにカバーをかけるなどして、防寒対策を忘れずに。

子ウサギは温度の変化に弱いので温度管理をしっかりと。

check! 迎える前になるべくチェック

1 両親の性質や特徴を知っておく

できればパパ、ママウサギが、どんな性質や特徴があるのかを知っておくと、遺伝している部分も多いので、参考になります。

2 どんなフードで育ってきているか？

ウサギは環境の変化に敏感です。ショップにいたとき、どんなフードを食べていたのかを聞いて、同じものをあげると安心して食べてくれます。

選び方

健康なウサギの選び方

健康チェックのポイント

　まずは、ウサギが飼育されている環境をチェック。清潔な環境で飼われているか確認し、ケージの外からウサギの様子を観察しましょう。

　その後、ウサギの体の各部位をチェックします。健康チェックはウサギの扱いになれていないと難しいものです。お店の人に抱っこしてもらい、体の各部の状態を確認させてもらうといいでしょう。

　ウサギは夕方と明け方に行動が活発になります。お店にウサギを見に行く時は、活動的になる夕方以降に行くといいでしょう。昼間は寝てばかりのこともあり、これだと健康状態や普段の様子が確認できません。

　ウサギの様子は、まずはケージの外から見て、下痢をしていないか？　どんなフードを食べているかなどをチェック（下の囲み参照）。

　じっとして動かないウサギは、体調が悪い可能性も。その後、ケージから出してもらって、右ページの健康チェックをしましょう。

ケージの外から"ココ"を確認！

牧草

健康なウサギの
フン

1　牧草やペレットを食べている
ウサギの体にいい牧草やペレットを、きちんと主食として食べているかを確認して。

2　フンの状態がよく、下痢をしていない
健康なウサギのフンは丸くて、コロコロしています。下痢をしている場合は、病気にかかっているかもしれません。

3　体つきがしっかりしている
体つきがしっかりしていることを確認しましょう。毛並みや、おしりの肉づきが良いかもチェックして。

ウサギの健康チェック

目ヤニなどで汚れていない?
パッチリときれいで、目ヤニや涙が出ていない?

目

鼻水が出ていない?
鼻水が垂れていたり、鼻のまわりが汚れていない?

鼻

耳はきれい?
耳の中にかさぶたができたり、ただれたりしていない? 嫌なにおいはしない?

耳

フケやかぶれはない?
地肌がかぶれたりしていない? 指で毛を分けて、息などを吹きかけるとよく見える。

皮膚

口・歯

口のまわりはきれい?
ヨダレが出たり、汚れたりしていない? 歯のかみ合わせに異常はない?

ケガや脱毛がない?
足の裏にケガや脱毛がなく、毛に覆われている?

足

おしり

下痢などで汚れていない?
周囲の毛が下痢などで汚れていない? フンは丸くて、コロコロ?

Part 2 ウサギを迎える準備をしよう 選び方

> 事前の確認

飼い始める前に
ここを確認

おうちに迎える準備チェックリスト

ウサギをおうちに迎える前に、自分はもちろん、家族の全員が「これからはウサギと暮らす」ということを意識して、準備をしっかりしておきましょう。まずは迎える前にしておきたいことをチェック！

✓ 迎える前のチェックリスト

☐ **集合住宅の場合、ペットはOK？**

マンションなどの集合住宅では、ペットの飼育ができない場合も。きちんと管理規約などをチェックして、ウサギを飼っても大丈夫か確認しておきましょう。

☐ **家族がいる場合、同意は得られている？**

家族みんなにウサギが来ることを理解してもらい、お世話なども協力してもらえるかを確認しておきましょう。

☐ **ウサギの毛や、牧草アレルギーはない？**

ウサギの毛や牧草は、アレルゲンとなることがあります。心配な人は、迎える前にアレルギー検査をしておきましょう。

☐ **先住ペットとのすみ分けはできる？**

犬や猫などのペット、または先にウサギを飼っている場合は、お互いがストレスにならないように、少しずつならしていきましょう。

迎える前に住空間を整えておこう

ウサギを迎える前に住空間を整えて飼うために必要なグッズをそろえ、おうちとなるケージのセッティングをしておきましょう。

牧草やペレットなどのフード類も、新鮮なものを準備して。

✓ 住空間のチェックリスト

☐ 必要なグッズはそろっている？

ウサギが暮らすうえで必要なケージ、床材、トイレ、フード入れ、給水ボトルなどをそろえ、すぐにウサギが生活できるようにセッティングしておきましょう。
→ 詳しくは 72 ページ

☐ エアコンなどで温度管理がきちんとできる？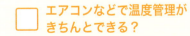

ウサギは暑さ、寒さが苦手です。ウサギが生活する部屋は、エアコンで温度管理できることが必須です。

☐ 家の中のどこで生活させる？

ケージを置く場所、自由に遊ばせるときはどこで遊ばせるか？　などを事前にシミュレーションしておくと安心です。
→ 詳しくは 80 ページ

☐ 室内に危険な場所はない？

ケージの中から出して、1日1回くらいはお部屋で遊ばせてあげたいもの。ウサギを遊ばせる空間に危険がないかをチェックしておきましょう。
→ 詳しくは 96 ページ

 ショップからおうちに連れて帰るときの注意点

　ペットショップから家へ連れて帰るときは、必ずキャリーに入れて、なるべくストレスを与えないように移動しましょう。
　車で移動する場合は、後部座席にキャリーを置いて、ときどき様子を見ながら移動を。直射日光やエアコンの風などにも気をつけましょう。
　電車やバスで移動する場合は、なるべく混雑を避けた時間帯にすることがおすすめです。

ならし方

少しずつ環境にならしていく

🐰 あせらずゆっくり仲良くなろう

家にウサギが来たら、すぐに抱っこしたりしたくなることでしょう。でも、ウサギは環境の変化に敏感。まずは「飼い主さんは自分の味方なんだ」とわかってもらえるように信頼関係をつくっていきましょう。

ウサギには、いろいろな性質の個体がいます。シャイなウサギもいれば、人なつこいウサギもいます。だいたい3～4日すればなれてくることが多いようです。

来た当日は、ウサギは少しデリケートになっているかもしれません。そっと外から様子を見守り、3～4日たったらケージの外に出してもOKです。

最初はそっと見守ってね！

家に迎えて数日は、ケージの外から様子を見守って。

check! ウサギとの信頼づくりのルール

1　体に触れるときは、必ず声をかける

急に触るとこわがってしまいます。フードの交換やケージの掃除のときもひと声かけて。

2　ふれあいタイムを決めておく

ウサギは夕方以降に活動的になります。ケージから出してふれあうのは、夕方から夜がおすすめ。

おうちに迎えてからのならし方

お迎え当日
そっと様子を観察

新しい環境にならすために、そっとしておきましょう。のぞきこんだり、声をかけるのは最少限に。少し離れたところで様子を見てあげて。

2日目以降
ケージの外から名前を呼ぶ

新しい環境に少しなじんできます。ケージの外から名前を呼んであげましょう。フードをちゃんと食べているかもチェック。

飼い主さんに興味をもったら
手からフードをあげてみる

名前を呼んで、近づいてきたら手からフードを与えてみます。見下ろすとこわがるので、正面からウサギと同じ目線の高さで接します。

5日目以降
ケージから出してみる

そろそろケージから出してみましょう。トイレや抱っこなどにも、少しずつチャレンジ。ただし個体差があるので、無理は禁物。

飼育頭数

単独飼育と複数飼育
それぞれの魅力

🐰 初めて飼う人は単独飼育から

ウサギを初めて飼う人は、まずは1匹のウサギの飼育からスタートしましょう。必要なお世話をしっかりしてあげて、しつけやトレーニングにもチャレンジして、いい関係を築きましょう。

複数飼育にチャレンジしたい人は、ウサギのお世話になれてから始めたほうがうまくいきます。

まずは、1匹だけがおすすめ！

🐰 品種やカラーの違いを楽しめる複数飼育

ペットとして飼われているウサギには、いろいろな品種、カラーのものがあります。ウサギ好きな飼い主さんの中には、違う品種のウサギを複数飼育している人もいます。

また同じ品種でも、個体によって違いがあり、それぞれチャームポイントがあります。

ウサギの寿命は10年ほどです。かわいがっていたウサギが旅立つと、ペットロスになってしまう飼い主さんも多いもの。

年齢の違うウサギを複数飼うことで、悲しいお別れがきたときのショックを和らげることができるかもしれません。

複数を飼育すると、カラーや性質の違いを楽しむこともできる。

ココに注意

複数飼育のコツ

複数のウサギを飼う場合、いくつか気をつけてあげたいことがあります。お世話の手間も増えるので、時間や場所が確保できるかを最初に考えておくことも大事です。

ケージは1匹に1個。間にも仕切りを入れる

ケージは1匹に1個ずつが基本。またケージを横並びにしたとき、けんかすることもあります。パーテーションで仕切るなどして、プライベートスペースを確保して。

オスとメスは一緒に遊ばせない

ケージから出したとき、オスとメスが一緒になると、交尾して妊娠することがあります。避妊・去勢手術（41ページ参照）を受けていない場合は、一緒に遊ばせないようにしましょう。

品種の違うウサギは、体格の差を配慮

違う品種のウサギを一緒に遊ばせることも可能です。ただし体格差がある場合は、接触したときにケガをすることも。別々に遊ばせたほうが安心です。

1匹ずつの健康状態をよく観察する

複数のウサギを飼うと、感染症や寄生虫などのリスクは、1匹で飼う場合より高くなります。健康状態を観察し、もし病気やケガをしているウサギがいたら、隔離しましょう。

他の動物との関係

先住ペットがいるときの注意点

 それぞれが安心して暮らせるように工夫を

　犬や猫、小鳥などを先に飼っていて、ウサギを迎えたいという場合は、少しずつお互いの存在にならしていくことが大事です。基本的には、同じ部屋では飼わないようにしましょう。

　ウサギが新しい環境になれてきてから、抱っこしてほかの動物たちに少しずつ近づけ、においを覚えさせるようにしましょう。

　ウサギは野生の世界では、ほかの動物の食物として捕食される立場にあります。イタチ科のフェレットは肉食動物で、ウサギを襲う可能性があります。ウサギにとっては、大きなストレスになるので、一緒に飼わないほうがいいでしょう。

少しずつ
ならしていってね

先住ペットに会わせる時は、まず人がウサギを抱っこして、ほかの動物に少しずつ近づけます。

 ココに注意　**ウサギと他の動物が共通してかかる病気**

　ウサギがかかる病気の中には、ほかの動物と共通しているものもあります。パスツレラ症、皮膚糸状菌症、ノミ、サルモネラ症、トキソプラズマ症などは、犬や猫、そして人間にうつることもあります。それぞれのペットの健康観察をきちんと行い、もし病気にかかっていたら早めに獣医さんに連れていきましょう。また病気の疑いがある場合は、接触させないようにしましょう。

ウサギと他のペットの相性診断

犬 とウサギ

しつけがきちんとできている犬であれば、ウサギと一緒に飼っても問題ありません。ただしウサギをケージの外に出して遊ばせるときは、同じ部屋に入ってこないように気をつけましょう。

猫 とウサギ

猫は捕食する動物なので、ウサギに危害を及ぼすことがないとはいえません。室内で放し飼いにしている場合が多いと思いますので、ウサギのケージを置いている部屋には入れないようにしましょう。

小鳥 とウサギ

猛禽類や大型の鳥でなければ、鳥類とウサギの相性は悪くはありません。ただしケージと鳥かごを置く場所は、別の部屋にしておいたほうがお互いにストレスが少ないでしょう。

ウサギとよりよい関係を築くための 飼い主さんの タイプ診断

Q1～Q20の質問になるべく「**はい**」か「**いいえ**」で答えてください。
「どちらでもない」を選ぶと、タイプが曖昧になります。

Q1
正義感が
強いほうだと思う
- □ …… はい
- □ …… いいえ
- □ …… どちらでもない

Q2
友だちにおめでたい
ことがあると、
心から喜べる
- □ …… はい
- □ …… いいえ
- □ …… どちらでもない

Q3
感情がすぐに、
顔に出るほうだ
- □ …… はい
- □ …… いいえ
- □ …… どちらでもない

Q7
好きなことを
始めると、
のめり込むほうだ
- □ …… はい
- □ …… いいえ
- □ …… どちらでもない

Q8
人前で話すときは、
内容を考えてから
話したい
- □ …… はい
- □ …… いいえ
- □ …… どちらでもない

Q9
待ち合わせの
5分前には
到着している
- □ …… はい
- □ …… いいえ
- □ …… どちらでもない

Q13
自分は
頑固なほうだ
- □ …… はい
- □ …… いいえ
- □ …… どちらでもない

Q14
人の悩みは
親身になって
聴くほうだ
- □ …… はい
- □ …… いいえ
- □ …… どちらでもない

直感で答えてね

Q18
人から
お願いされると、
断れない
- □ …… はい
- □ …… いいえ
- □ …… どちらでもない

Q19
欲しいと
思ったものは、
すぐ入手したい
- □ …… はい
- □ …… いいえ
- □ …… どちらでもない

ウサギの個性を理解してあげるのと同じくらい大事なのが、飼い主さんが自分がどんなタイプなのかを理解すること。簡単な心理テストでチェックしてみましょう！

Q4 慎重に計画を立ててから、行動したい
- はい
- いいえ
- どちらでもない

Q5 自分の考え方に自信がある
- はい
- いいえ
- どちらでもない

Q6 子どもやペットには、できるだけ世話をしてあげたい
- はい
- いいえ
- どちらでもない

Q10 街で道を尋ねられたら、親切に教えてあげる
- はい
- いいえ
- どちらでもない

Q11 「すごい！」「わぁ！」などの言葉をよく使う
- はい
- いいえ
- どちらでもない

Q12 仕事や勉強は段取りよくやりたい
- はい
- いいえ
- どちらでもない

Q15 ずけずけものを言ってしまうことがある
- はい
- いいえ
- どちらでもない

Q16 他人の意見は冷静に受け止めて判断する
- はい
- いいえ
- どちらでもない

Q17 順番を守らない人は許せない
- はい
- いいえ
- どちらでもない

Q20 体調が悪いときは早く寝る
- はい
- いいえ
- どちらでもない

あなたはどのタイプ？

診断は次のページで!!

あなたはどんな飼い主さん？

質問の番号と同じ番号の回答欄に、点数を記入してください。

- ☑ はい …………▶ 2点
- ☑ いいえ …………▶ 0点
- ☑ どちらでもない …▶ 1点

タイプ A	タイプ B	タイプ C	タイプ D
Q1　　　点	Q2　　　点	Q3　　　点	Q4　　　点
Q5　　　点	Q6　　　点	Q7　　　点	Q8　　　点
Q9　　　点	Q10　　　点	Q11　　　点	Q12　　　点
Q13　　　点	Q14　　　点	Q15　　　点	Q16　　　点
Q17　　　点	Q18　　　点	Q19　　　点	Q20　　　点
合計　　　点	合計　　　点	合計　　　点	合計　　　点

うちの飼い主さんはどのタイプかな？

一番点数が多かったタイプが、あなたのタイプ！

右のページで、タイプ別の診断結果、アドバイスを紹介します!!

頼りがいがある
指導者タイプ

頼りがいのあるあなた。責任感が強く、ウサギにしつけをしっかりしようとします。少し頑固なので、しつけがうまくいかないと、いら立ってしまうことも。

よりよい関係を築くために

「できたらほめる」を心がけて、ウサギが教えたことができなくても叱らないようにしましょう。

優しい存在
お母さんタイプ

母性本能が強いあなた。しつけの場面でも忍耐強く、ウサギを見守ってあげることが多いでしょう。少し心配性で、先回りしてお世話し過ぎる傾向も。

よりよい関係を築くために

かまいすぎや過保護は、ウサギのストレスになることも。少し距離をもって、見守ってあげることも大切です。

楽しく遊びたい！
友だちタイプ

楽しいことが大好きなあなた。興味のあることは追求しますが、逆に興味がないことは放置する傾向も。しつけはやや苦手かもしれません。

よりよい関係を築くために

ウサギにも最低限のしつけは必要です。抱っこの練習など、必要なことはしっかり取り組みましょう。

感情的にならない
理論派タイプ

論理的、科学的に物事を分析するあなた。感情的になることがなく、しつけは上手。一方、ウサギの気持ちをくみ取ることはやや苦手かも。

よりよい関係を築くために

ウサギにも喜怒哀楽があります。「今、どんな気持ちなのかな？」と時には考えてあげるといいかもしれません。

自分のタイプを理解して、ウサギとよりよい関係を築いていきましょう！

column

飼いウサギのルーツ
アナウサギの生態を知る

人間の手でヨーロッパに広がったアナウサギ

ペットとして飼われているウサギたちのルーツは、アナウサギ属のヨーロッパアナウサギです。古い記録をたどると、紀元前1100年のイベリア半島にすでにアナウサギはいたようです。それからさらに数百年経った紀元前750年以降のローマ時代から、ウサギは食用の家畜として飼われるようになりました。

11〜12世紀に入ると、修道院で本格的にアナウサギが飼育されるようになりました。その後、急速に飼育されるエリアは広がり、13世紀にはイギリスで、15〜16世紀にはヨーロッパ全土で飼われるようになりました。飼育が簡単で、毛皮と肉を利用することから普及していったのです。

ペットになっても残るアナウサギの性質や習性

その後、長い年月をかけて、アナウサギの品種改良が重ねられ、現在ペットとして飼われている品種が生み出されました。そして彼らにも野生のアナウサギの性質や習性が残っています。

野生ではアナウサギは森や草原、畑などの地下に「ワーレン」と呼ばれる巣穴を掘って生活しています。日中のほとんどを巣穴の中で眠って過ごしていて、夕方から早朝に活発になります。

ペットのウサギたちにも「狭いところにもぐりこむと安心する」「日中は寝ていることが多い」「穴を掘ろうとする」などの行動が見られます。ルーツであるアナウサギから受け継ぐ習性を理解することで、よりウサギたちといい関係が築いていけることでしょう。

野生では巣穴を掘って暮らしていたウサギたち。その名残りで、今も狭いところにもぐりこむのが好きなウサギも多いものです。写真のようなおもちゃで遊ばせてあげるのもよいでしょう。

Part
3

心地よい
住空間を準備

住みやすい空間をつくる 3つのポイント

人間と暮らすウサギは、一日の大半をケージで過ごすことになります。落ち着いて、快適に過ごせるように、ウサギの習性や生活スタイルに合ったおうちを準備しましょう。

自由に遊べるスペースも確保しよう

飼い主さんのライフスタイルに合わせて、一日一回はケージの外に出して自由に遊ぶ時間も作ってあげたいものです。パーテーションで場所を区切ったり、ウサギにとって危険なものを片付けたりするなどして、安全に遊べる環境を整えてあげましょう。

ウサギの"マイホーム＝ケージ"を安心できる居場所に

「狭いケージの中で、ウサギを過ごさせるのはかわいそう」と思う人もいるかもしれませんが、そんなことはありません。野生のウサギは、地面の下に作った巣穴の中で暮らします。安心して過ごせるマイホームとして、ケージをセッティングしてあげましょう。

サークルなどで囲って、ケージの外にも安全に遊べる場所を作ってあげるといいでしょう。

ウサギの状態をよく観察して環境を整えてあげましょう。

point 3
年齢に応じて住空間の見直しを

年齢とともにバリアフリーな住空間に変えていくことも大事です。足腰が弱ってきたら、なるべく段差がないようにする。くつろげるようにマットを入れてあげるなど、ウサギの年齢に応じて住空間の見直しを。安心して過ごせる工夫をしてあげましょう。

快適な住空間をつくるために

個性に合ったグッズ選びを
➡ 72ページ

最初は基本的なグッズを準備し（72ページ参照）、ウサギの様子を見ながら、徐々にグッズを増やしていきましょう。

掃除はこまめに
➡ 88ページ

不衛生な環境は、病気の原因になります。トイレは毎日、ケージの大掃除も月に1回はしてあげましょう。

暑さ、寒さ対策を万全に
➡ 84ページ

ウサギに適した気温は18〜23℃、湿度は40〜60％くらいまでです。高温多湿な日本の夏は、苦手な季節。暑さ対策は特にしっかりしましょう。また真冬は防寒対策も必要です。

飼育用品

使いやすい グッズの選び方

安全な素材でできたグッズを選んで

　ウサギを迎える前に、必要なグッズをそろえておきましょう。まず準備したいのは、ケージ、床材、トイレ、フード入れ、牧草入れ、給水ボトルなど。ウサギはものをかじる習性があるので、かじっても安全で丈夫な素材でできたものを選ぶようにしましょう。

　ウサギとの暮らしになれてきたら、お散歩で使うハーネスやリード、トレーニングに使うクリッカー（Part 5 参照）なども必要に応じてそろえましょう。また季節に応じて、防寒・防暑グッズも準備してあげて。

快適な
おうちを
準備してね

飼育グッズは安全な素材のものを選んで。

最初に準備 基本グッズ

- [ ] ケージ
- [ ] 床材（すのこ）
- [ ] トイレ、トイレ砂、トイレシーツ
- [ ] フード入れ
- [ ] 給水ボトル
- [ ] 牧草入れ
- [ ] キャリー
- [ ] かじり木
- [ ] グルーミング用品、爪切り

など

必要に応じて準備するグッズ

- [ ] サークル
- [ ] パーテーション
- [ ] ハウス（巣箱）
- [ ] ケージガード
- [ ] ケージカバー
- [ ] ハーネス＆リード
- [ ] 防寒・防暑グッズ
- [ ] クリッカー

など

ウサギの我が家 ケージ

ケージはウサギが一日の大半を過ごす我が家。ウサギが寝そべることができる充分な広さが必要です。床の下に引き出し式のトレイが付いていると、ウンチやフードの飛び散りなどの掃除がラクです。

またオスは尿が後ろに飛ぶことがあります。ケージの下部にガードが付いているタイプだと、まわりが汚れず衛生的です。

ウサギ用ケージ

安全性と清潔さを考えて作られているデザインがおすすめる。

サイズ
ウサギは成長が早いので、大人になったときにちょうどいいサイズのものを選びましょう。最低でも幅60×奥行50×高さ50cm程度はあるものを。

とびらの位置
ウサギが自分で出入りできる正面、飼い主さんが抱いて出し入れできる上部の2か所にとびらがあると便利。

キャスター
キャスター付きだと、部屋の掃除のときなどに、移動がラク。

留め具
脱走防止にしっかりと留められるものを。金属の尖端がウサギの体を傷つけることがないものを選んで。

床
湿気がこもりにくい金網タイプがおすすめ。目が細かく、足裏に優しい素材でできていると、ウサギの足裏を傷める心配がない。

底
引き出し式のトレイが付いていると、飛び散ったフードや、排泄物の掃除がラク。

床材（すのこ）

金網の床で網目の幅が広いと、足裏を傷めることがあります。すのこを敷いてあげると、快適に過ごせます。

プラスチック製のすのこ
断面が丸く、波状になっているので、足裏やかかとにかかる衝撃が少ない。水洗いも簡単。

スチール製のすのこ
目が細かく弾力性があるので、ウサギの足の裏が傷つきにくい。汚れは下に落ちるので、清潔で掃除もラク。

木製のすのこ
天然木使用で、かじっても安心。表面がエンボス加工されているものは、すべりにくく、足裏に優しい。

トイレ・トイレ砂・ペットシーツ

トイレは、プラスチック製、陶器製などがあります。形は三角形の省スペースタイプ、広さのある四角形タイプなどがあります。

陶器製の三角トイレ
尿石が付きにくく、衛生的。床網に丸みがあり、底面から網まで高さがあるので、おしりが汚れにくい。

四角形のトイレ
広々していて、ウサギが入りやすい。背面が高くなっているので、尿の飛び散りを防止できる。

プラスチック製の三角トイレ
おしりが汚れにくいメッシュ（網）が付いている。背面のクリップで、しっかりとケージに取り付けられる。

ペットシーツ
ケージトレイに敷いたり、トイレの中に敷く。三角形のトイレに合わせた、三角形のシートもある。

トイレ砂
主に針葉樹の木の粉をペレット状に固めたもの。すばやく水分を吸収し、高い脱臭効果、殺菌作用もあり、衛生的。

フード入れ

ペレットや野菜を入れます。ウサギがひっくり返すことがあるので、固定式やどっしりした陶器製のものがおすすめです。

コンパクトな固定式
とても固いプラスチックでできているので、かじる心配がほとんどない。クリアタイプなので、フードの減り具合もチェックしやすい。

陶器製
安定感があるので、ウサギが動かしたり、ひっくり返したりしにくい。かじる心配もなくて、安心。

四角形の固定式
かじれないように、プラスチック製容器のふちがステンレスでガードされている。

給水ボトル

床置きタイプの水入れだとウサギの体が濡れることがあるので、ボトル式がおすすめ。フードに水が垂れない位置に設置して。

平たい形の省スペースタイプ
かさばらないので、すっきりケージに取り付けられる。

給水口が大きいタイプ
中が掃除しやすく、衛生的。バネ状のホルダーで、ケージに取り付ける。

牧草入れ

牧草は、常に食べられるようにしておきたいもの。ケージにワイヤーで引っ掛けるタイプだと、牧草を補充するときも簡単で便利です。

プラスチック製
牧草の粉がケージの外に散らばらないように、内側に取り付ける。上が大きく開いて、牧草の補充がしやすい。

陶器製のスタンドタイプ
縦向き、横向き、どちらでも使える。木のねじでケージに固定できる。

かじり木兼用タイプ
中に牧草を入れて、ケージの内側に設置する。牧草入れ兼かじり木として活用できる。

キャリー

病院へ行くときや、旅行など移動のときにあると便利。日頃から、キャリーに入ることにならしておきましょう。

布製のバッグタイプ
ちょっとしたお出かけに便利なコンパクトサイズ。底はすのこ付きで衛生的。

ハードタイプのキャリー
給水ボトルなども取り付け可能なので、少し長いお出かけでも安心。

かじり木

ウサギは歯を使うことで、歯の長さを適切に保っています。かじり木はストレス解消にも役立ちます。

牧草でできたボール
食べても平気な牧草製。かじったり、転がしたりして遊べる。

天然木のかじり木
十字形をしていて、立体的に組み立てて使う。かじりやすい形なので、喜んで遊ぶウサギが多い。

グルーミング用品・爪切り

長毛種と短毛種では必要なブラシやくしが違うので、毛質に合ったものを準備しましょう。

グルーミングスプレー
ブラシの通りをよくし、毛づやもよくする。

ハサミタイプの爪切り
カーブして刃先に角度がついているので、切りやすい。

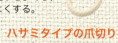

スリッカーブラシ
毛玉を取るのに役立つ。おしりまわりの毛のお手入れに最適。

ラバーブラシ
抜け毛を取るのに役立つ。地肌のマッサージ、毛づやをよくする効果もある。

小動物専用ブラシ
短毛種のブラッシングに欠かせない。豚毛なので、静電気が起きにくい。

両目ぐし
太めと細めのくしが一本になっていて、便利。むだ毛や汚れの除去に役立つ。

そのほかのグッズ
必要に応じて追加しよう！

サークル
ケージの掃除で外に出すときなどに、サークルがあると安全に過ごせます。高さが50cm以上のものを選んで。

折りたたみサークル＆マット
軽くて折りたたみ式、組み立ても簡単なので便利。専用マットを敷けば、床を汚したり傷つける心配もない。

パーテーション
パネルをつなげて、広さを変えられるパーテーション。ウサギの遊び場を作ったり、部屋の汚れを防いだりするのにも使えます。

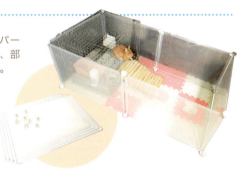

パーテーション
4枚一組で、70×50cmのパネルは縦横どちらでも使える。パネルを自立させて、壁の保護にも使用できる。半透明なので、圧迫感がない。

ハウス（巣箱）
体がすっぽり入るハウスは安心できる場所。ケージの中にハウスを入れてもいいでしょう。

牧草製の巣箱
食べても安心な牧草でできているから、かじって遊んでもOK。

クッションマット
四隅にホックが付いていて、平たく敷いてマットとして使ったり、形を変えてベッドのようにすることもできる。

ハーネス＆リード
公園などで遊ばせる「うさんぽ」のときには、リードが必須です。ファッションとしても楽しめます。

ベストハーネス
ベストタイプなので、洋服を着せるように装着できる。色柄もバリエーションがあって楽しい。

季節対策グッズ（85・86ページ）、**掃除グッズ**（88ページ）なども、必要に応じて準備して。

ケージのレイアウト

機能的に
ケージをセットしよう

🐰 ウサギが暮らしやすいように工夫

　ウサギの生態や習性を考えてケージのセッティングをしましょう。

　野生のアナウサギは、地面の下に作った巣穴で暮らしています。巣穴は、寝室、産室、トイレなどに分かれています。ケージの中のグッズも、ウサギが使いやすいように設置してあげましょう。

かじり木
かじって遊ぶことで、ストレス解消や歯の伸び過ぎ防止に役立ちます。いろいろなタイプがあるので、喜んで遊ぶものを探してあげて。

給水ボトル
いつでも新鮮な水が飲めるようにしておきましょう。ウサギが飲みやすい高さに設置してあげて。

point

ロフトなどは最初から入れなくてOK

セッティング例では、運動ができるようにロフトなどを設置していますが、最初は入れなくてもかまいません。ロフトやおもちゃに興味を持たない場合もあるので、自分のウサギが好きそうなアイテムを選んで入れてあげましょう。

トイレ
ケージの四隅のどこかに配置。隅っこのほうが、ウサギが落ち着いて用を足せます。衛生面を考え、フード入れとトイレはなるべく離して設置します。

フード入れ
ひっくり返さないように、固定式または安定感のある陶器製のものがおすすめ。トイレと離れた場所に取り付けましょう。

ハウス 楕円形のメッシュハウスは、ちょうどウサギが収まるサイズで、中でくつろげます。

ロフト ケージの中にロフト部分を作ったり、階段をつけたりすると、運動不足解消になります。

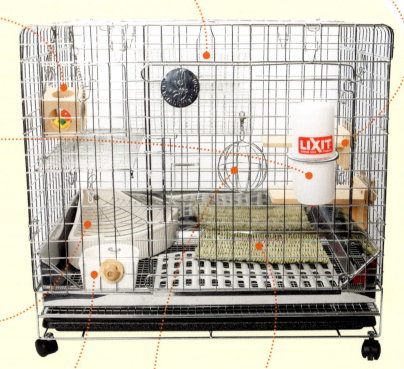

牧草入れ ケージの壁に取り付けるか、上から吊るすタイプにしてもOK。ウサギが食べやすい位置に設置することがポイント。

床材 足裏の保護のために、金網の上に木製、プラスチック製などのすのこを敷いてあげましょう。牧草でできたマットは、振り回したり、かじったりして遊ぶのにも使えます。

Part 3 心地よい住空間を準備 ケージのレイアウト

ケージの置き場所

快適に過ごせる
ケージの置き場所

静かで湿気が少ない場所を選んで

　ウサギが健康に過ごすためには、ケージの置き場所はとても大事です。温度の急激な変化に弱いので、昼夜の温度差がなるべく少ない場所にケージを置きましょう。湿気も苦手なので、お風呂場やキッチンの近くなどのジメジメしている場所は避けて。風通しがよく、直射日光の当たらない場所が理想的です。

　ウサギは耳がよく、音に敏感なので、テレビやオーディオなどの音が出るものの近くは避けましょう。また人の出入りの激しいドアの近くや、外からの音が聞こえやすい窓際もケージを置くのに向きません。

暑さやジメジメした気候は苦手だよ

快適に過ごせる場所にケージを置いてあげましょう。

ウサギに適した温度・湿度

1　温度は18〜23℃、湿度は40〜60%
　温湿度計をケージの近くに置き、温度や湿度はこまめに確認を。

2　外出するときは、エアコンなどを活用
　朝、昼、晩と同じ部屋でも温湿度は変化します。飼い主さんが外出するときや、こまめに様子が見られないときは、エアコンや加湿器、除湿器などを使い、温湿度管理を。

ケージの理想の置き場所

2面が壁に面している
部屋の隅で、2面が壁沿いだと落ち着いて過ごせます。

エアコンの風が直接当たらない
冷えすぎたり、温まりすぎてしまうので、風が直接当たらない場所を選んで。

出入り口に近すぎない
人の出入りが頻繁にあると落ち着かないので、なるべくドアの近くには置かないで。

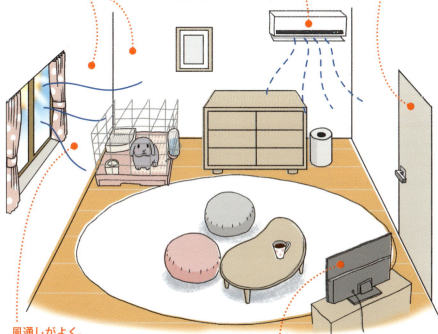

風通しがよく、適度に日が差し込む
湿気が苦手なので、風通しがよい場所を選んで。直射日光は当たらないけれど、昼は明るく夜は暗い、適度に日が差し込む場所が理想的。

テレビやオーディオ機器から離れている
音源になるものからなるべく離れた場所に置きましょう。

 ココに注意　犬や猫などは部屋に入れないで

　ほかのペットを飼っている場合は、なるべく同じ部屋に入れないように注意。犬や猫の存在は、ウサギをこわがらせてしまいます。また他の部屋に犬や猫がいる場合、目を離したすきに、ケージが置いてある部屋に入ってしまうことがあります。
　特に外出するときは鍵をかけるなどして、出入りできないようにしておきましょう。

住空間の工夫

ライフスタイルに合わせた住環境を作る

🐰 一人暮らしの場合

飼い主さんが一人暮らしの場合、仕事などで不在の間、ウサギはケージの中にずっといることになりがちです。活発な若いウサギの場合、運動不足になるかもしれません。

飼い主さんが家にいる時間に、ケージの外で自由に遊べる時間を長めに作ってあげるといいですね。パーテーションやサークルでスペースを区切り、ケージの出入り口を開放すると、ワンルームなどでも安心して遊ばせられます。床にマットを敷いたり、電気コードなど危険なものには近づけないようにして、安全に遊べる環境を整えてあげましょう。

ココに注意
- 不在中の温湿度管理をしっかりと
- 直射日光が当たらないようにする
- ウサギが飛び越せない高さのサークルやパーテーションを選ぶ

🐰 子どものいる家庭の場合

ウサギは子どもがいる家庭でも飼いやすい動物です。ただし幼児は、ウサギを驚かせてしまうことがあります。ケージは大人の目が届くところに置き、ウサギとの接し方をよく教えてあげましょう。

ココに注意
- ケージは大人の目が届く場所に
- 部屋で遊ばせるときは、ドアの開け放しなどに注意

🐰 複数飼育の場合

複数のウサギを一度に飼う場合も、1匹にひとつのケージが基本。ウサギは縄張り意識が強いので、複数のウサギが同じケージにいるとけんかが起きることも。オスとメスの場合、同じケージにいると、妊娠する可能性が大です。去勢・避妊をおすすめします。

またケージを並べて置いたとき、ケージ越しにけんかが始まることもあります。必要に応じてパーテーションなどを使い、プライベート空間を守ってあげましょう。

ケージは1匹にひとつずつ

2匹飼うならば2つ、3匹飼うならば3つのケージが必要になります。複数飼育を始める前に、家の中のどこにケージを置くかをきちんと考えておきましょう。

パーテーションで仕切りを作る

オス同士、また気の強いメス同士などは、隣のケージのウサギとけんかをしてしまうことも。ケージを離して置くか、近くに置くならパーテーションでケージの間を区切るなどの工夫をしましょう。

暑さ・寒さ対策

暑さ・寒さを元気に乗り切るには

ウサギに適した温度、湿度でいつも快適に

　ウサギは、温度や湿度の急激な変化に敏感です。季節の変わり目には、昼夜で温度差が大きいこともあるので、気をつけてあげて。特に高齢、子どものウサギ、病気や妊娠中のウサギなどは、注意が必要です。

　日本の夏は、高温多湿です。蒸し暑い梅雨時から夏にかけては、最も注意したいシーズン。熱中症の予防対策も必要です。フードも傷みやすく、雑菌が繁殖しやすいので、飼育環境を清潔に保つことが大事です。

　ウサギは寒さには比較的強いですが、夜中や明け方はかなり冷え込むこともあります。夜間の温度管理に特に気をつけましょう。

温度と湿度のコントロールをお願いね！

check! 季節対策のチェックポイント

1　室温は 18〜23℃、湿度は 40〜60% が最適
真夏でも室温が 28℃ を上回らないように気をつけて。また湿度も適切に保つようにしましょう。

2　エアコンや除湿器などを活用
室温、湿度の管理には、エアコンや除湿器などを活用しましょう。

3　季節対策グッズも取り入れて
暑さや寒さをしのげるグッズもいろいろあります。必要に応じて取り入れましょう。

通気性のよいメッシュのハウスは夏におすすめ。

梅雨～夏
ジメジメした湿気と暑さはウサギの大敵

ウサギは全身を被毛で覆われているので、蒸し暑い気候が苦手です。人間と同様に熱中症をおこすことがあるので気をつけましょう。特に長毛種は、体に熱がこもりやすいので要注意です。

湿度の高い梅雨時は、ケージ内に雑菌が繁殖しやすくなるので、掃除を普段よりこまめにしてあげて。またフードも腐りやすい時期なので、こまめに交換しましょう。

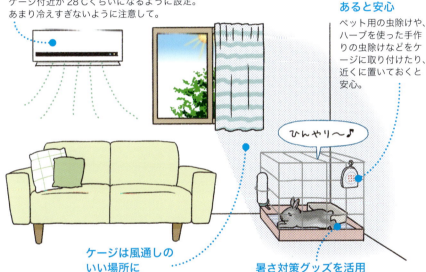

エアコンの温度設定は28℃くらい
ケージ付近が28℃くらいになるように設定。あまり冷えすぎないように注意して。

虫除けグッズもあると安心
ペット用の虫除けや、ハーブを使った手作りの虫除けなどをケージに取り付けたり、近くに置いておくと安心。

ケージは風通しのいい場所に
直射日光が当たったり、湿気がこもったりしやすい場所には置かないで。

暑さ対策グッズを活用
上に座るとひんやりするクールボードや、ミニクーラーなどを取り入れると快適。

オススメグッズ 暑さ対策

クールボードや素焼きの土管など、ひんやり気持ちよく過ごせるグッズをケージの中に入れてあげましょう。

クールボード
アルミ製で、体温をすばやく吸収して、外部に放熱してくれる。ケージの中に敷くと快適。

ウサギの土管
素焼き製の土管。表面を軽く水でぬらすと、水が蒸発して気化熱が発生。ウサギが涼しく過ごせる。

ミニクーラー
冷凍庫で冷やしてから使う保冷剤。ケージの上に置いたり、布でくるんでキャリーの中に入れて使用。

夜間や明け方の冷え込みに気をつけて

日差しのある昼間はそれほど寒くなくても、夜中や明け方はかなり冷え込みます。温度差が激しくならないように注意しましょう。なおエアコンやヒーターを使っていると空気が乾燥してのどが渇きます。いつでも水が飲めるように、給水ボトルに水をたっぷり入れておきましょう。

寒い日にはケージの中にペット用ヒーターを入れたり、外側から当てて温めてあげるといいでしょう。ただし全面にフロアヒーターなどを敷くと、暑くなりすぎてしまうことも。部分的に敷いて、逃げられる場所も作っておきましょう。またコードをかじらないように工夫を。

ケージガード、カバーなどで保温
夜間など冷え込むときには、ケージガード、カバーなどで覆って保温を。段ボールでケージの囲いを作り、その上から毛布をかけてもいいでしょう。

窓の近くにケージを置かない
窓のすきまから冷気が流れ込んでくることがあるので、窓際には置かないで。

離す

ホカホカ

寒さ対策グッズを活用
部分的にヒーターを入れたり、温かいクッションマットなどを入れて、快適に過ごせるようにしてあげましょう。

床から少し高い場所に置く
板にキャスターを付け、その上にケージを置くなどして、床から少し高くなるようにすると、下から冷えるのを防げます。

寒さ対策

遠赤外線ヒーター
ケージ内のどこにいても、遠赤外線効果で体内の水分に反応して体の芯から暖める。火を使わないので安心。

ケージガード／カバー
断熱シートでできたケージガードと、ぴったりサイズの布製カバー。カバーは撥水性の布なので、尿などの汚れも染みにくい。

春・秋
温度の急な変化に注意

春や秋は、ウサギにとってわりと過ごしやすいシーズンです。ただし冬から春、秋から冬への季節の変わり目には1日の温度差が大きく、思ったより冷え込むこともあります。必要に応じて、寒さ対策を。

また5月頃からは熱中症にも注意が必要です。気温が高くなったら、エアコンで室温の管理を。

ウサギは毎年、春と秋に被毛が生え替わる「換毛期」を迎えます。ただし室内飼いの場合、換毛期が見られなかったり、年に1回、3回や4回など、周期がずれることもあります。換毛期には長毛種のウサギは特に、しっかりブラッシングをしてあげて。（換毛期対策は94ページ〜参照）

朝晩の気温差は、体にこたえるなあ〜

年間を通して温度の急変には気をつけてあげましょう。

換毛期には、長毛種のウサギは念入りにブラッシングしましょう。

ココに注意　気圧の変化

気圧が低いときに頭痛がしたり、具合が悪くなることはありませんか？　ウサギも低気圧のときに斜頸（しゃけい、191ページ）などが突然起きたり、体調が悪くなることがあるようです。台風が近づいてきているときや突然のゲリラ豪雨などのときは、急激な気圧の変化が起こります。

ウサギの様子を見て、食欲が低下するようなら、好きな食べ物を少し与えるなどしてみましょう。体調がなかなか回復しないときは、獣医さんの診察を受けましょう。

掃除の仕方

こまめなお掃除でいつも清潔に

🐰 掃除は健康のために欠かせない

　ケージの中の主な汚れは、フードの食べかすや排泄物、抜け毛など。1日1回フードや水の交換をするときに、ケージ内の汚れ具合を点検して、10分程度でいいので簡単に掃除する習慣をつけましょう。また月1回は、ケージ全体の大掃除をしましょう。

　春や秋の換毛期は抜け毛が増えて、ケージの中が汚れがちです。また真夏や梅雨時は、汚れをそのままにしておくと、細菌が繁殖していやなにおいが発生しやすくなります。皮膚病や結膜炎などの原因となることもあります。季節によって、掃除の頻度を見直しましょう。

ケージの汚れ具合をチェックして、毎日簡単に掃除する習慣を。

あると便利なお掃除グッズ

● おそうじスパチュラ
すのこにこびりついた汚れを取るときに便利。幅の広いほうで、すのこの汚れをかき落とし、先端部分で床網の網目の汚れも落とせます。

● おそうじブラシ
金属製ブラシで、床網の汚れ落としに最適。反対側がとがっていて、尿のカルシウムのこびりつきなどを落とすのに役立つ。

● ぞうきん
水洗いの後の乾拭き用。使わなくなったタオル、着なくなったTシャツをカットしたものなどをストックしておくと便利。

● ペットボトル用ブラシ
給水ボトルの内部を洗うのに使う。

● Caリムーバー（尿石除去剤）
トイレにこびりついた尿石を取るのに役立つ。（→詳しくは93ページ）

● 消臭スプレー
においが気になるときに、スプレーするとよい。（→詳しくは93ページ）

毎日10分でOK!「ちょっと掃除」

1日1回、フードや水を換えるついでに、
トイレ砂の交換やすのこの汚れを掃除しておきましょう。

フード入れ

食べ残しは捨てて、きれいに水洗いしてから新しいものを入れて。容器がぬれたままだとエサが腐敗するおそれがあるので、必ずよく乾かしてから入れましょう。

給水ボトル

水は毎日取り替えます。中には水アカが溜まりやすいので、細長いブラシなどを使って、汚れを落としましょう。週1回程度、水アカ対策に、台所用漂白剤でつけ置き洗いを。ノズル部分は金属なのでつけ置き洗いはせず、歯ブラシなどでよく洗います。

トイレ・トイレ砂

汚れたトイレ砂やペットシーツを交換しましょう。汚れがひどいようなら、トイレを丸洗いします。

すのこ（床材）

すのこに汚れがついていないかをチェック。尿はトイレでしても、ウンチはトイレ以外の場所でするウサギも多いので、排泄物は必ずその日のうちに片付けて。汚れがひどかったら、丸洗いしましょう。

こびりついたウンチなどをへらやおそうじブラシで落としてから、たわしなどでこすって水洗いします。洗剤を使う場合は、よくすすぎ洗いを。その後、充分に乾燥させます。

月に1回はしたい「大掃除」

普段は月に1～2回、湿気の多い梅雨時や夏場は
週1回くらいの頻度で、ケージの大掃除をしましょう。

step 1 ウサギを移動させて、ケージの中身を出す

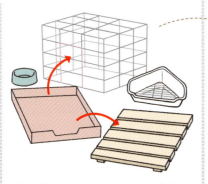

ウサギをサークルかキャリーに移動してから、ケージの中のものをすべて取り出します。外せる金具などは外して、なるべく分解しましょう。

step 2 スパチュラなどで汚れを大まかに落とす

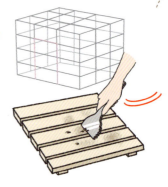

ペット用のスパチュラや小さなホウキなどで、大まかにこびりついた汚れを落とします。金網についている汚れも、水洗いする前にこすり落としておきましょう。

point 大掃除のときは、ウサギを安全な場所に移動

ケージの大掃除をするときは、ウサギをサークルかキャリーの中に入れておきましょう。掃除中は目が行き届かないので、脱走したり、思わぬケガをしないように充分注意しましょう。

きれいが大好き♡

step 3 ブラシなどでしっかりこすり洗い

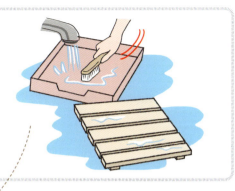

ケージ全体をブラシやスポンジを使い、水洗いします。フード入れや給水ボトル、トイレ、ハウスなど、ケージに入れてあるものすべてを洗います。

step 4 汚れを洗い流し、金属や陶器は熱湯消毒

お湯か水で汚れをしっかり洗い流します。ケージの金属部分や陶器製のフード入れ、陶器製のトイレなどは、熱湯消毒するとさらに万全。

step 5 水気を拭き取り、よく乾燥

水気をぞうきんなどで拭き取ってから、充分に乾燥させます。

step 6 元通りにセッティングして、ウサギを戻す

完全に乾いたら、元通りにケージをセッティング。ウサギは湿気に弱いので、しっかり乾いているか確認しましょう。

消臭のコツ

快適に暮らすための におい対策

悪臭はウサギにとってもストレス

脱臭効果の高いトイレ砂や、吸水性の高いペットシーツを使い、こまめに掃除をしていれば、それほどにおいに悩まされることはありません。

しかし蒸し暑い夏場などは、少し掃除をさぼってしまうとにおいが気になることも。尿のアンモニア臭は、悪臭がするだけでなく、刺激が強いため、ウサギの目や皮膚の病気の原因にもなります。

においの元となる場所をしっかりお掃除しましょう。

僕たちはにおいに敏感だよ

ウサギはにおいに敏感。いつも清潔にして悪臭を防ぎましょう。

check! におい対策のポイント

1　汚れは毎日しっかりチェック

忙しいとつい、トイレ砂やペットシーツを交換するだけになってしまうかもしれません。尿の飛び散りや、トイレやすのこの汚れなどをそのままにしておくと、悪臭の原因に。毎日汚れをチェックして、必要に応じてトイレやすのこの丸洗いをしましょう。

2　こびりついた汚れは専用のアイテムを活用

こびりついた汚れは、水洗いだけではなかなか落ちません。そこで活用したいのが、トイレまわりの汚れをしっかり分解して落としてくれるアイテム。Caリムーバーや消臭剤などを活用して、汚れやにおいを徹底的に除去しましょう。

🐰 トイレの尿石汚れの落とし方

　尿石がこびりついてしまうと、スポンジやたわしでこするだけではなかなか落ちません。尿石のカルシウム（Ca）を分解する専用のリムーバーを使うと便利です。

尿石の汚れが気になるところに、Caリムーバーをかける

5分ほど置いてから、水でしっかりすすぐ。汚れがひどいときは、やわらかいブラシでこすり落とす。

におい対策

Caリムーバー（尿石除去剤）
ウサギの尿はカルシウム分が多く、トイレに尿石がこびりつくことがある。Caリムーバーを使うと、カルシウムを分解し、すっきり尿石が落とせる。

柿タンニン消臭スプレー
自然由来の天然素材だけで作った、ペット用の消臭剤。柿渋に含まれるポリフェノールの効果で、悪臭の素を分解する。抗菌効果、防虫効果もある。

重曹やクエン酸、エタノールもお掃除に活用

　ウサギのケージまわりの掃除には、安全な素材を使いたいもの。そこでおすすめなのが、重曹やクエン酸、エタノールといった天然成分でできたアイテム。重曹はアルカリ性なので、皮脂などの酸性の汚れに効果的。また消臭効果もあります。クエン酸は酸性なので、アルカリ性の尿の汚れ落としに効果があります。エタノールは消臭、除菌作用が高いので、におい対策に効果大です。

■重曹・クエン酸・エタノールでエコ掃除

ケージの拭き掃除に	重曹水	重曹大さじ2杯＋水500ml
トイレの掃除に	クエン酸水	クエン酸小さじ2杯＋水400ml
除菌・消臭に	エタノールスプレー	消毒用エタノールをスプレー容器に入れる

換毛期対策

抜け毛の季節は
お掃除も念入りに

🐰 年に２回、大きな換毛期がある

　ウサギの換毛期は、気温や日照時間の変化によって、自律神経が刺激されることで起こります。皮膚の体温調整がスムーズに行えるように体が反応して、涼しくなる夏から秋には夏毛から冬毛へ、暖かくなり始める冬から春の間には冬毛から夏毛へと生え替わります。

　室内で暮らしているウサギは気温や湿度の変化が少ないため、自律神経が刺激されず、換毛期がほとんど見られないこともあります。

　個体差があるのでよく観察して、抜け毛が増えてきたら、普段より入念にブラッシングをしましょう。

　抜け毛を放置していると、牧草と一緒に飲み込んでしまい、毛球症（185ページ参照）になることがあります。またウサギの毛は軽いため舞い上がり、室内のいろいろな場所に散乱します。ケージの中はもちろん、ケージを置いてある部屋全体も普段よりしっかり掃除をしましょう。

長毛種は抜け毛の量も多いので、換毛期対策をしっかりしましょう。

換毛期対策

エアグルーム
ケージに取り付けておくと、ケージ内に舞う抜け毛や牧草の粉をしっかりキャッチ。取りはずしてグルーミングの時にも使える。お手入れはフィルターを交換するだけで簡単。

パーテーション
ケージのまわりをパーテーションで囲っておくと、外に毛が飛び散らない。

換毛期のウサギのお世話のコツ

ブラッシングの時には、集毛機を使う

集毛機（エアグルームなど）で、抜け毛を集めながらブラッシングすると、部屋への飛び散りが少なくなります。

ケージまわりをパーテーションなどで囲う

抜け毛の飛び散りを防止でき、室内の掃除が楽になります。またウサギを遊ばせるときも、パーテーションで空間を区切り、床にはタイルマットなどを敷いておくと、掃除が楽になります。

エアコンや空気清浄機のフィルター掃除もまめに行って

換毛期には、エアコンや空気清浄機などの家電のフィルター掃除もまめにしましょう。またウサギのケージを置いている部屋もしっかり掃除機をかけて、抜け毛を吸い取ってきれいにしましょう。

安全チェック

室内の環境を安全に整える

🐰 ウサギ目線で室内を見渡してみよう

　室内で遊ばせるときは、事前に危険なものがないかチェックしておきましょう。

　ウサギにはかじる習性があるので、かじられたくないものや、危険なものは片付けたり、ガードしたりしておくことが大事です。特に電気コードはかじると感電する危険があるので、要注意です。

　ウサギは新聞や雑誌などの紙類はもちろん、ゴム製品、プラスチック、タバコや洗剤、観葉植物なども好奇心旺盛にかじってしまいます。食べることは少ないのですが、口にしただけで中毒を起こすものも（下の「ココに注意」参照）。ウサギが届かないところに片付けておきましょう。

写真のように半透明のパーテーションで囲んだ中で遊ばせたり、傷つけたくない家具などをカバーしておくと安心です。

 ウサギが口にすると危険なもの

- **紙類**（新聞、ティッシュ、書類など）
  おなかの中で固まってしまい、病気の原因に。
- **ゴム製品、プラスチック類**
  飲み込むと、おなかの中につまってしまいます。
- **タバコ、洗剤、殺虫剤、薬品など**
  少量でも飲み込むと、中毒を起こす危険があります。
- **観葉植物など**
  種類によっては、中毒を起こすものもあります（171ページ参照）。

室内の危険エリアを チェック

家具の上には登れないようにする
イスや棚などに登り、そこから落ちるとケガをしてしまうことがある。

これで解決！
ウサギを遊ばせる部屋には、踏み台になるようなものは置かないようにしましょう。

電気コードやケーブルはかじられないように保護
電気コードをかじると、感電したり、火事の原因になることも。テレビのケーブルやコンセントもいたずらすることがある。

これで解決！
電気コードやケーブルは、カーペットの下をはわせたり、コルゲートチューブでガード。コンセントはカバーをつけて保護するといいでしょう。

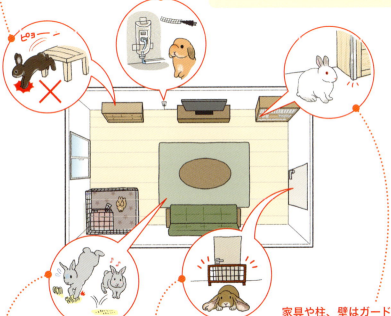

爪が引っかからない、足がすべらないようにする
ループ状の毛のじゅうたんは、爪を引っかけて折ってしまうことがある。フローリングの床もすべって危険。

これで解決！
凸凹のあるクッションフロアや、毛足の短いカーペットなどを床に敷きましょう。

脱走しないように、ドアや窓に注意
窓やドアが開いていると、目を離したすきに外に出ていってしまうことも。

これで解決！
窓やドアなどの開口部には、鍵をかけておきましょう。飛び出し防止用に柵を設置しておくと安心です。

家具や柱、壁はガード
木製の柱や家具の角、ふすまや障子の敷居などをかじることがある。また壁を爪で傷つけてしまうことも。

これで解決！
柱や家具の角、敷居などには、L字金具を両面テープで貼って補強。壁もウサギの届く範囲には、段ボールや薄手の板などを貼って保護しておくと安心。パーテーションを立てかけてもいいでしょう。

column

いざというときのために
ウサギの防災対策

普段から災害時のための対策を考えておこう

地震や台風、集中豪雨など、災害はいつ起こるかわかりません。いざというときのために、ウサギ用の防災グッズを準備しておくと安心です。また、避難するときはどうするかなど、具体的な対策も考えてみましょう。

● **防災グッズを準備**

災害時には、ウサギのフードは入手しづらくなるかもしれません。まずは食べ物をしっかり準備。普段食べているフードを、コンパクトにまとめておくといいでしょう。小袋サイズのペレットや、密閉容器に入れた牧草などを、1週間分を目安に準備しておきましょう。水は人間用のミネラルウォーターで大丈夫です。また大好きなおやつも、ウサギを落ち着かせるのに役立つかもしれませんね。

ペットシーツ、トイレ砂も欠かせません。これらをひとまとめにして、いざというときに持ち出せるように準備しておきましょう。キャリーの中に入れておくと、必要なときに持ち出せて安心です。またキャリーには飼い主とウサギの名前、住所、連絡先を書いた名札をつけておきましょう。

● **避難所へ連れていけるか確認**

自分の住んでいる地域の避難所がどこなのか？ そこでペットを受け入れてもらえるかを確認しておきましょう。避難所でウサギと暮らす場合は、ほかの避難者の方への配慮が必要です。

避難が長期化しそうな場合は、親戚や友人にウサギを預けることなども選択肢のひとつです。できれば事前に対策を考えておきましょう。

防災グッズをキャリーに入れて準備しておくと、いざというとき安心です。

Part
4

毎日の
お手入れとしつけ

お手入れとしつけ
3つの ポイント

人間とウサギがハッピーに暮らすためには、体のお手入れや、抱っこの練習、トイレのしつけなどが欠かせません。楽しくふれあいながら、身につけていきましょう。

point 1
まずは「抱っこ」が上手にできるようになろう

ウサギを移動させるときや健康チェックするには、抱っこができていないと難しいもの。ウサギを迎えて新しい環境になれてきたら、抱っこの練習を始めましょう。ブラッシングや爪切りなどのボディケアにも役立ちます。

point 2
個体差に合わせてならしていこう

抱っこなどの練習が思い通りにいかないときに、ウサギを厳しく叱ったりするのはNG。ウサギにもそれぞれの個性があり、すぐに抱っこができるようになるウサギもいれば、なかなかできないウサギもいます。少しずつならしていくことが大事です。

point 3
思春期、シニア期は、ターニングポイント

「前は抱っこできたのに、最近全然させてくれない」。「急におしっこをまき散らすようになっちゃった」など、それまでできていたことが、できなくなることがあります。原因はさまざまですが、思春期や、シニア期に突入したウサギは、体にも心にも変化が表れます。しつけやお手入れの見直しをしましょう。

こんなしつけ&お手入れをしよう

トイレのしつけ
→ 110ページ

ウサギには「決まった場所で排泄する」という習性があるので、これをうまく活用するのがポイント。失敗しても叱らず、トイレの位置を変えるなどして工夫してみましょう。

抱っこの練習
→ 104ページ

ケージからキャリーへの移動、ブラッシングなどの体のお手入れ、健康チェックなどのために、抱っこは必須。できたらほめて、ウサギのやる気を高めながら練習しましょう。

ブラッシング、爪切りなど体のお手入れ
→ 112ページ

体を清潔に保つことは、健康と安全の基本です。必要に応じて、ブラッシングや爪切りなどの体のお手入れをしてあげましょう。

触り方のコツ
なでられて**うれしい場所**

おでこから頭にかけて優しくなでられるのは、好きなウサギが多い

NG 耳の先
敏感な耳の先をいきなりつかんだりすると、驚いてしまいます。

OK 耳の付け根
指先で優しくもんだり、付け根から耳の先をそっとなでてあげるのもいいでしょう。

OK 鼻と目の間
毛の流れに沿って、指先で優しくなでてあげましょう。

OK 頬
力を入れずに、指先でやさしくマッサージするようになでてあげましょう。

OK 下あご
あごの下をなでてあげましょう。

NG 胸
胸が小さいので、つかまれると呼吸が苦しくなってしまうことも。

OK 前足
指先を優しくもむようにてあげると喜びます。

頬をくるくる優しくマッサージしてあげるのもおすすめ

102

おでこや下あごをなでてあげよう

　ウサギとのふれあいは、とても幸せな時間です。
　まずは触られてうれしい場所を知って、優しくなでることから始めましょう。おでこのあたりや下あごなどは、多くのウサギがなでられるのを好みます。
　耳やしっぽを引っ張ったり、デリケートなおなかを強く押したりするのは禁物。こわがらせたり、痛い思いをさせたりしないように、触り方のコツを身につけましょう。

Part 4　毎日のお手入れとしつけ　触り方のコツ

OK 背中
毛の流れに沿って、優しくなでてあげましょう。ただしメスは偽妊娠することがあるので、ほどほどに。

 NG しっぽ
引っ張ったり、つかまれるのを嫌がるので、無理に触らないようにしましょう。

NG おなか
圧迫されると苦しがるので、強く押したりしないようにしましょう。

OK 後ろ足のかかと部分
力を入れずにマッサージするようになでると、喜ぶウサギもいます。

抱っこのしかた

しつけの必修科目
抱っこをマスター

🐰 抱っこはウサギとふれあう第一歩

　抱っこはウサギと仲良くなるためにも、お世話をするためにも欠かせません。上手に抱っこができると、キャリーケースへの移動や、ブラッシングなどの体のお手入れもスムーズです。コツを覚えて、根気よく練習しましょう。

　練習するときは、まずは飼い主さんが落ち着いて行うことが大事。深呼吸をするなどして、リラックスしてやってみるといいですね。またウサギの負担にならないように、練習は短時間に。途中、休憩を入れてもいいでしょう。

こんなとき 抱っこが役立つ

キャリーケースへの出し入れ ➡105ページ
お出かけするときには、キャリーケースに入れるのが基本。外での散歩や、動物病院へ行く時に役立ちます。

健康チェック ➡106ページ
あお向けに抱っこして、体の各部分をチェックできるようになるといいでしょう。

体のお手入れ ➡112〜120ページ
ブラッシングや目や耳などのお手入れも、こまめにしてあげたいもの。抱っこがきちんとできるようになり、信頼関係ができれば、ウサギが安心して、体のお手入れができます。

check! 抱っこの練習のコツ

1　テリトリー以外の場所で座って練習

ウサギが高い場所から跳び降りると、ケガをするかもしれません。低めの椅子か、床に直接座って練習を。普段過ごしている場所だと、気が散りやすくなります。テリトリー以外の場所で練習したほうが、落ち着いてできるでしょう。

2　最初にやさしく声をかけて

急に手を伸ばすと、こわがって逃げてしまうことも。まずは「〇〇ちゃん、触るよ」と優しく声をかけてから始めましょう。

3　おやつでやる気アップ

上手にできたらおやつをあげてほめてあげるといいでしょう。

キャリーケースの出し入れに役立つ
基本の抱っこ

 声をかけて頭をなでる

「○○ちゃん、触るよ」と声をかけ、軽く頭をなでて、リラックスさせてあげましょう。

 右手をおなか、左手をおしりに当てて、持ち上げる

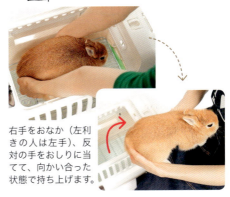

右手をおなか(左利きの人は左手)、反対の手をおしりに当てて、向かい合った状態で持ち上げます。

 しっかり体に密着させて、ひざの上におろす

ウサギが動けないように、飼い主さんの体に密着させて、おしりや足をしっかりと支えます。

 キャリーケースに戻すときは、おしりから

しっかり両手で抱えた状態で、おしりから戻します。ウサギの足が床に着くまで手は離さないで。

 ココに注意

首の後ろをつかむのはやめて

首の後ろをつかんで持ち上げるのはNG。皮膚や背骨、内臓に負担がかかってしまいます。

ウサギが暴れたときは…

暴れそうになったら、ウサギの顔を隠して視界をさえぎりましょう。それでも暴れるときは、上半身を密着させて抱え込み、落ち着くまで待ちましょう。

日々の健康チェックに役立つ
あお向け抱っこ

 ひざの上に乗せて、しっかり支える

声をかけてウサギを抱き上げ、ひざの上に乗せます。右手（左利きの人は左手）をおなか、反対の手をおしりの下に入れて支えます。

 ゆっくりあお向けにする

両手でしっかり支えた状態で、ゆっくりと上半身を倒して、ウサギをあお向けにします。体に密着させて、ウサギが動けないようにするのがコツ。

 おしりをわきに挟み込んで、安定させる

あお向けになったら、わきにウサギのおしりを挟み込むようにして、体を安定させます。

 親指、人差し指、中指で耳を挟む

ウサギの耳を親指、人差し指、中指で挟んで頭を保定すると、健康チェックがしやすくなります。

目 → 鼻 → 耳 → 前歯 → あごの下、前足をチェック

前歯

あごの下

前足

目、鼻、耳、前歯、あごの下とチェックしていきましょう。メスのあごの下には肉垂（にくすい：皮膚が余ってるんだようなもの）が見られることがあります。ここも忘れずにチェックして。前足も確認しましょう。

6 向きを変えて、頭をわきに挟み込んで、体を安定させる

次にウサギの向きを変えて、頭をわきにはさみ込むようにして、体を安定させます。

7 おなか、性器、臭腺、内もも、足の裏などをチェック

おなか → わきの下 → 性器 → おしりまわりの臭腺をチェック。その後、内もも、足の裏などもチェックします。全身のチェックが終わったら、ゆっくりウサギを抱き起こし、横向きに抱き直してから、ケージに戻しましょう。

少しずつ分けて健康チェックを

ここで紹介しているのは、ペット専門店で行っている体のチェックの流れです。最初からすべてを一度にチェックするのは難しいかもしれません。その場合は、少しずつ分けて行います。心臓の負担になる子もいるので、心配な場合は獣医さんのアドバイスを受けてから行いましょう。

💬 子どもとふれあう

子どもとウサギが仲良くなるコツ

🐰 家族の一員として迎えよう

かわいいウサギは、子どもたちも大好き。「ウサギを飼いたい」と子どもからせがまれることもあるかもしれません。そんなときは、ウサギを迎えるとどんな生活になるか？ 必要なお世話は？ ウサギとの遊び方は？ などを事前に家族で話し合いましょう。子どもたちにもウサギのいる生活をイメージしてもらうことが大切です。

ウサギを迎えたら、子どもはすぐに遊びたがることでしょう。まずは大人が、ウサギとのふれあい方のお手本を見せてあげることが大事です。ウサギの専門店などでは、抱っこ教室などでふれあい方のコツを教えてくれることもあるので、親子での参加もおすすめです。

ウサギ専門店では、ウサギとのふれあい方、抱っこのしかたなどを教えてもらえます。

 check!

子どもとウサギのふれあいのコツ

1 時間を決めて遊ぶ

熱中すると、子どもは長い時間ウサギと遊びたがるもの。ウサギが疲れてしまわないように「1回10分まで」など時間を決めて、遊ぶようにしましょう。

2 毎日のお世話もさせてみる

フードや水の交換、ブラッシングなどのお世話を、少しずつ子どもにもさせてあげるといいでしょう。できそうなことから、少しずつトライしてみて。

まずは抱っこの練習を

→ 抱っこの詳しい手順は、105〜107ページ参照

step 1 声をかけて、キャリーケースから出す

「ミミちゃん、抱っこするよ」

ウサギの名前を優しく呼び、「抱っこするよ」など声をかけてから、ケース内に手を入れます。まずは頭を優しくなでることから、スタートしましょう。

step 2 低い位置でしっかり抱っこする

ウサギがケガをするのを防ぐため、必ず低い椅子に座るか、床に直接腰を下ろして練習しましょう。

ハンドグルーミングにチャレンジ

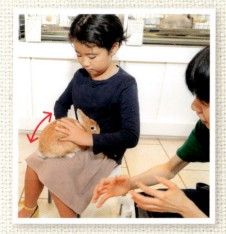

抱っこが上手にできるようになったら、ひざの上にウサギを乗せて、ハンドグルーミングにチャレンジしてみましょう。グルーミングスプレーをかけて、優しく手でなでてあげると、抜け毛が取れます。

→ ハンドグルーミングの手順は、113ページ参照

おやつを手からあげてみる

「おやつだよ♪」

ウサギが上手に抱っこさせてくれたり、グルーミングを嫌がらずにできたら、ごほうびにおやつをあげてみましょう。乾燥パパイヤなどを手に持ち、直接あげてみます。ウサギと子どもに信頼関係が生まれます。

トイレのしつけ

トイレはにおいで覚えさせよう

🐰 決まった場所で排泄する習性を活用

　トイレのしつけは、すぐにできるようになることもあれば、なかなかうまくいかない場合もあります。ウサギには、決まった場所で排泄するという習性があります。場所がわかるように、においを使って覚えさせましょう。

　トイレは、ケージの四隅のどこかに設置しましょう。2方向を壁で囲まれていると、落ち着いて排泄できます。またフード入れはトイレから離れた位置に置きましょう。

　トイレの場所を決めたら、尿のにおいがついたトイレ砂やティッシュなどを入れておきましょう。ウサギは嗅覚が優れているので「ここがトイレだ」とわかるようになります。

クンクン…トイレはここだな！

ウサギは優れた嗅覚でトイレの場所を覚えます。

---

check! トイレを覚えさせるコツ

1　できなくてもあせらない
排便も排尿もトイレでパーフェクトにできるウサギは、それほどいません。あまり神経質にならないようにしましょう。

2　トイレの位置や材質の見直しを
トイレの位置を変えると、上手にできるようになることがあります。また、トイレをひっくり返してしまうときは、陶器製の安定感のあるものにするなど、トイレそのものを変えるとうまくいくことも。

トイレのしつけの手順

step 1　においがついたものをトイレに残しておく

トイレの中に尿のにおいがついたティッシュやトイレ砂を入れておきます。ウサギは嗅覚が優れているので、トイレの場所がそこだとわかりやすくなります。

step 2　そぶりを見せたら、トイレへ

ケージの外で遊ばせているときに、しっぽを持ち上げたり、ソワソワしたり、排泄したそうなそぶりを見せたら、トイレにウサギを誘導します。

step 3　上手にできたらほめてあげる

ウサギに「ここでしようね」と声をかけて、うまく排泄できたら、優しくなでながら「よくできたね！」とほめてあげましょう。

step 4　他の場所で排泄したら、すぐに処理

別の場所で排泄したら、においが残らないようにすぐに拭き、消臭スプレーをかけます。どうしてもトイレでできない場合は、ケージの床にペットシーツを敷いておけば、掃除がラクです。

> ブラッシング

毛の状態に合わせてお手入れを

 ## ブラッシングは健康管理にも役立つ

　ブラッシングは見た目をきれいにするだけでなく、健康のためにも欠かせません。ウサギは自分で抜け毛をなめとり毛づくろいしますが、飼い主さんがお手入れしてあげないと胃に毛がたまり、毛球症（185ページ参照）という病気になってしまうこともあります。

　換毛期の春や秋は、抜け毛が増えます。しかし室内で暮らしているウサギの場合は、換毛期がほとんど見られなかったり、長期間換毛していたりと、個体差が大きいものです。日頃から被毛の状態をチェックして、必要に応じてお手入れをしましょう。

　だいたい週1回を目安に、ブラッシングを習慣にするといいでしょう。

ブラッシングに必要な道具

ブラッシンググッズ

スリッカーブラシ
もつれた毛、毛玉をほぐすのに役立つ。おしりまわりの抜け毛を取るのにいい

小動物専用ブラシ（豚毛）
毛づやをよくし、マッサージ効果もある。静電気が起こりにくい豚毛のものがおすすめ

グルーミングスプレー
汚れを浮かせて、毛をきれいにする。毛が舞い散るのを防ぐ効果も

ラバーブラシ
軽くとかすだけで、すでに抜けている毛や抜けそうな毛を効果的にとれる

両目ぐし（長毛種用）
抜け毛や汚れの除去に効果的。毛の奥まで入るので、長毛種のお手入れに欠かせない

デリケートコーム
おしりや生殖器のまわり、足の裏などの細かい部分の毛をお手入れするのにいい

まずはハンドグルーミングにトライ

ブラッシングをいきなりしようとしても、ウサギが嫌がり、うまくできないことも多いもの。まずはブラシを使わないハンドグルーミングで、お手入れにならしていきましょう。

step 1　グルーミングスプレーを手につける

ウサギをひざの上に抱っこして、グルーミングスプレーを手になじませます。

step 2　毛をかき分けながら、抜け毛を取る

うっとり〜

指を毛の中に入れ、逆さにかき分けながら、抜け毛を取っていきます。抜けた毛はおしりまわりにたまりやすいので、しっかりと取ります。

step 3　手についた毛はこすり合わせて取る

こんなに取れた！

何度か繰り返し、毛をかき分けて抜け毛を取ります。手についた毛はこすり合わせると、まとまって取れます。

抱っこが難しい場合は…

ウサギの前足をひざに乗せて行うといい

ウサギが嫌がって抱っこでのグルーミングができない場合もあります。そんなときは床に座り、ひざの上にウサギの前足を乗せるようにして行いましょう。

短毛種のブラッシングの手順

ハンドグルーミングになれてきたら、ブラッシングをしてあげましょう。抜け毛が多いときでも、1回のブラッシングは10分以内を目安に終わらせるようにしましょう。

グルーミングスプレーをかける

ハンドグルーミングで抜け毛を取る

ペットシーツをひざの上に敷き、ウサギを乗せて、グルーミングスプレーをかけます。ウサギに直接かけずに、自分の両手にスプレーしてもかまいません。

指を毛の中に入れ、逆さにかき分けながら、抜け毛を取ります。何度か繰り返し、手をこすり合わせて抜け毛を取ります。

スリッカーブラシで抜け毛をかき取る

スリッカーブラシで、抜け毛をかき取ります。皮膚を傷つけないよう注意しましょう。おしりの毛を持ち上げて、ブラシをかけましょう。また毛玉を引っ張ると皮膚が切れることも。手で皮膚を押さえて、やさしくブラッシングを。

スリッカーブラシの持ち方

ブラッシング時に力が入りすぎないように、軽く指を添えるように持ちます。

ココに注意

左右の手が近すぎると、自分の手を傷つけてしまうので、気をつけましょう。

4 向きを変えて反対側もブラシをかける

おしり→首の順にまず右半身（右利きの人の場合）にブラシをかけ、ウサギの向きを変えて左半身もおしりから順にかけていきます。最後に背中の真ん中部分にブラシをかけます。

5 ラバーブラシで浮いた毛を取る

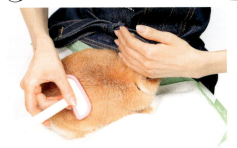

次にラバーブラシで、表面に浮いている毛を取り除いていきます。このブラシは先端が軟らかいので、皮膚を左手で押さえなくて大丈夫。おしり→首の順で、右半身→左半身→真ん中部分の順にかけていきます。

ココに注意

ブラッシングの途中で毛が乾いてきたら、グルーミングスプレーをかけましょう。毛がまとまりやすくなり、静電気防止にも効果があります。かけすぎないようにするには、自分の手にスプレーして、全体になじませるのがおすすめです。

6 小動物専用ブラシで仕上げる

仕上げに毛の流れに沿って、豚毛の小動物専用ブラシをかけます。右半身→左半身→真ん中とかけていきます。首まわりや顔は、無理にしなくてOK。ただし、頭に毛が多い場合は、豚毛のブラシで整えましょう。

おなかはハンドグルーミングで

気持ちいいー！

おなかはブラッシングしなくてOKです。グルーミングスプレーを手にとり、優しくなでるようにして、抜け毛を取ってあげましょう。

長毛種のブラッシングの手順

長毛種は毛が絡みやすく、毛玉ができやすいです。まずは毛玉を取り、ほぐすことから始めましょう。毛玉のできやすさには個体差がありますが、週2回を目安にブラッシングしましょう。

1 手で毛玉をほぐす

まずは指先を使って毛玉をほぐし、抜け毛を取ります。

2 グルーミングスプレーをかけ、両目ぐしをかける

グルーミングスプレーを、少し遠くからかけます。近すぎると毛玉ができやすいので注意。目の粗いほう→次に細かいほうの順に使います。おしりの毛を持ち上げるようにして、中にくしが入るようにします。おしり→首、右半身→左半身→真ん中の順に行います。

ココに注意

毛玉を無理に引っ張ると、皮膚が裂けてしまうことがあります。片手で皮膚を押さえて、くしをかけるようにしましょう。

3 スリッカーブラシで抜け毛をかき取る

グルーミングスプレーをもう一度かけてから、スリッカーブラシを使い、抜け毛をかき取っていきます。長毛種の場合は、根元からかけないと逆毛になってしまいます。皮膚を傷つけないように気をつけながら、しっかりかけましょう。

冬場は静電気防止スプレーを

乾燥が気になる冬場は、仕上げに静電気防止スプレーをかけましょう。

4 顔の横の毛を取る

顔の横の毛玉は、指でつまんで取ってあげましょう。片手で毛の根元を押さえて、反対の手で取っていきましょう。

体のお手入れ

爪切りと耳・目のお手入れ

爪切りは信頼関係ができてから

野生のウサギは野山を駆け回っているうちに、爪が自然に短くなるので、爪切りは必要ありません。しかしペットのウサギは、ときどき爪切りをしないと、爪が伸びすぎてしまいます。

爪切りははさみを使うので、抱っこがちゃんとできることが前提です。最初から全部の爪を切るのは大変なので、はじめは1日1本ずつでもかまいません。人もウサギも、少しずつ爪切りになれていきましょう。

耳や目が汚れていたら、きれいにしてあげましょう。いつもと違って目ヤニが多く出ていたり、耳からいやなにおいがしたりするときなどは、病気の可能性もあります。動物病院で診察を受けましょう。

いつもきれいにしていたいな♪

体のお手入れは健康チェックにもつながります。

check! 体のお手入れのポイント

1 爪が伸びていたら、爪切りを
前足、後ろ足ともに、伸びすぎていないか、日頃から長さをチェック。

2 垂れ耳のウサギは耳の中をよく見て
耳の中の汚れが見えにくいので、チェックしてお手入れを。

3 目ヤニがついていたら拭き取る
毛づくろいのときに自分で取っていることが多いけれど、取れないこともあるので注意。

最初は「1本ずつ」でOK 爪切り

爪切りに使う道具

はさみ
ペット用の爪切ばさみを使います。写真の型のほかに、ギロチン型のものもあります。

グルーミングスプレー
足先にスプレーして毛になじませると、爪が見えやすくなります。

爪の押さえ方

写真のように足指の付け根を持って爪を押さえます。

ウサギの爪には神経や血管が通っているので、血管の位置を確認して切りましょう。爪の色が黒い場合は、ペンライトで光を当てて透かしてみるとよくわかります。

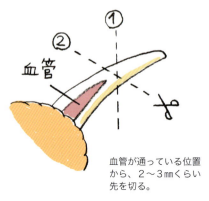

血管が通っている位置から、2～3mmくらい先を切る。

なれるまでは、二人一組で

なれないうちは、一人で抱っこして爪を切るのは難しいかもしれません。そんな時は、二人一組でお世話をするといいでしょう。一人がしっかり抱っこして足を軽く押さえ、もう一人が爪を切るとスムーズです。

step 1 前足の爪を切る

↓ ウサギの上にかがんで体を安定させる

ペットシーツをひざの上に敷き、ウサギを安定させます。右利きの人は、まずはウサギを右向きにして、左の前足の爪を切ります。前かがみになり、ウサギに近づくと、ウサギの体が安定します。向きを変えて、右の前足の爪を切ります。

step 2 後ろ足の爪を切る

↓ あお向けが難しいときは、無理にしなくてOK

ウサギをあお向けにして、後ろ足の爪を切ります。体と腕の間にウサギの体がすっぽりはまるように抱っこすると、安定します。あお向けが難しい場合は、前足の時と同じ体勢でOK。後ろ足を少し外側に出して切るといいでしょう。

出血したときは…

切りすぎて出血したら、ティッシュペーパーで押さえて止血します。強すぎず、弱すぎずの力加減で押さえましょう。

Part 4 毎日のお手入れとしつけ 体のお手入れ

優しく拭き取る 目のお手入れ

step 1 グルーミングスプレーをかける

ウサギをひざの上に前向きに座らせて、汚れている部分にグルーミングスプレーをかけます。スプレーはゆっくり押すと水滴が垂れるように出てきます。

step 2 汚れになじませ、拭き取る

指先で汚れになじませ、ティッシュで拭き取り、仕上げにコームで毛をほぐします。目を傷つけないように目元を軽く押さえましょう。

においにも注意 耳のお手入れ

step 1 コットンを湿らせる

ひざの上にウサギを前向きに座らせます。コットンにグルーミングスプレーをかけて、湿らせます。

step 2 優しく汚れを拭き取る

汚れを優しく拭き取ります。垂れ耳のウサギは、耳を持ち上げて中をよく見て行いましょう。においも確認しましょう。

> 留守番のコツ

留守番は少しずつならして

🐰 安心して過ごせる環境づくりを

　1泊2日くらいまでは、ウサギはおうちでお留守番できます。ただし温度や湿度の管理をしっかりして、体調をくずさないように注意しましょう。2泊以上なら、ペットホテルなどに預けるか、知人やペットシッターにお世話をお願いしましょう。

　留守番させるときは、なるべくいつも通りの環境を保つことが大事。フードを普段と同じものにするなど、変化を少なくしましょう。

check! おうちで留守番のコツ

- 室温は15〜26℃　湿度は40〜60％にキープ
- 水もたっぷり用意
- 傷みにくい牧草やペレットをたっぷりと

　フードと水を充分に用意し、牧草もたっぷり入れて食べ放題にしておきましょう。野菜や果物は傷むことがあるので、入れないほうがいいでしょう。飲み水が不足しないように、給水ボトルを2本設置しておくと安心です。エアコンなどを使い、温度と湿度を快適にキープします。

ココに注意　ペットホテルの利用時

- 好きなフードや一日の生活リズムを伝える
- いつも使っているグッズがあると安心

　最初から長期間預けると、負担がかかるかもしれません。1泊2日から徐々にならすといいでしょう。預けるときは、安心できるウサギ専用ホテルがおすすめです。スタッフに健康状態、普段食べているフードや生活リズムなどを伝えます。食器やおもちゃなど、いつも使っているものを持参すると、ウサギも安心するでしょう。

お出かけのコツ

スムーズに外出するには

キャリーケースにならしておこう

　外出のときは、キャリーケースに入れて移動するのが基本です。子ウサギのうちから、キャリーケースに入ることにならしておくと、お出かけがスムーズにできるでしょう。

　ウサギは縄張り意識が強いので、外に連れ出されると不安になる場合も。キャリーケースになれていれば、「ここも自分の縄張りだから安心」と思ってくれるでしょう。

お出かけするときは、温度の変化に気をつけてね

check! 外出するときの注意点

1 移動時間はなるべく短く

外出はストレスになることも。なるべく短時間で行き来できるように、計画を立てて。

2 温度の変化には細心の注意を

特に暑さには弱いので、移動中の温度管理はしっかりと。また、寒い時期は防寒対策を。

3 フードや水をタイミングよく与える

長時間移動するときは、途中で休憩時間を入れて、フードや水を与えましょう。

🐰 暑い夏は、熱中症に注意！

　蒸し暑い季節、キャリーケースの中は、さらに温度も湿度も高くなりがちです。熱中症などを避けるため、お出かけはなるべく涼しい午前中や夕方にしましょう。

　どうしても昼間に出かけなくてはいけないときは、保冷剤をタオルでくるんでキャリーケースの中に入れるなど、涼しく過ごせる工夫を。

　布製のキャリーは、金属製やプラスチック製に比べると通気性があまりよくないので、夏場のお出かけには不向きです。

🐰 乗り物での移動時の注意点

車の場合

　後部座席にキャリーケースを置いてシートベルトで固定し、ときどき中の様子を見ながら移動しましょう。直射日光やエアコンの風が当たらないように気をつけて。やむを得ずウサギを車内に置いて飼い主さんが車を離れるときは、必ずエアコンはつけたままにして、適温を保ちましょう。

電車や飛行機の場合

　電車やバスでは、キャリーケースを手荷物として持ち込めることが多いようです。ただし別料金がかかることもあるので、事前に確認しておきましょう。

　飛行機では、貨物室に預けることになります。乗り物での移動時は、プラスチック製や金属製の丈夫なキャリーケースがおすすめです。ペット用のクレートの貸し出しサービスを行っている航空会社もあります。

問題行動の対処法

しつけの悩み Q&A

🐰「思春期」は「第二のしつけの時期」

「抱っこや爪切りなどがうまくできるようになっていたのに、急に嫌がるようになった」。「飼い主にかみついたり、おしっこをあちこちでしたりするようになってしまった」など、急に問題行動が見られるようになることがあります。

これには「思春期」が関係していることがあります。ウサギは3〜4か月くらいから性的な成熟が始まり、思春期を迎えます。この時期は自我が芽生え、ホルモンバランスの変動でイライラしたり攻撃的になることがあります。

飼い主さんの中には「今までのしつけが悪かったのかな？」と、落ち込む人もいるかもしれませんが、変化を前向きに捉えたいものです。「思春期は第二のしつけの時期」と考えて、よりいい関係を築いていきましょう。

3〜4か月を過ぎると、思春期を迎えるよ

check! 困った行動にはこうして対処！

1 ケージから出すルールを決める
ケージから出して、自由に遊ばせる時間が長すぎると、自己主張が強まることがあります。時間や空間を区切って遊ばせるようにしましょう。

2 上手に気分転換させる
かむくせがある場合は、かじり木を与える、マウンティングをしてきたらボールで遊ばせるなど、上手に気分転換させてみましょう。

3 困ったときは獣医さんやウサギ専門店に相談を
自分だけでは解決できないときは、ウサギに詳しい獣医さんや専門店などに相談してみましょう。

Q1 抱っこを嫌がるようになった

生後9か月です。急に抱っこさせてくれなくなりました。抱っこしようとすると、鼻を押し付けたり、ブーブー鳴きながら威嚇してくるようになってしまいました……。

「できたらごほうび」で、苦手を克服

自我が芽生え、自己主張するようになってきたのかもしれません。短い時間でも、抱っこさせてくれるときがあったら、大好きなおやつを少量あげてみましょう。「抱っこされると、いいことがある」と覚えれば、次第に抱っこになれるでしょう。

Q2 急にかみつくようになった

生後6か月のオスです。普段は、放し飼いにしています。なでられるのが好きなのですが、最近はかみつくようになってしまいました。発情しているからでしょうか？

かむことができない環境を用意して

月齢からみて、発情が関係しているのかもしれません。飼育環境を見直しましょう。放し飼いのように、ウサギが自由に過ごし、好きなようにできてしまう環境は発情を助長しやすくなります。行動範囲を制限し、かむことができないよう環境を整備することで、落ち着いてくるでしょう。

Q3 トイレ以外の場所で尿をしてしまう

生後3か月のメス。トイレのしつけはできていましたが、最近部屋に放したとき、おしっこを3か所くらいでするようになりました。何か理由があるのでしょうか？

行動する空間と時間を制限しよう

思春期になると、縄張り意識が強くなり、自分のにおいをあちこちにつけるために尿をする「スプレー行動」が見られることがあります。ケージの中で落ち着いて過ごす時間を増やしましょう。部屋に放すときは時間や空間を区切ります。

Q4 爪切りをしようとすると暴れる

抱っこがもともと苦手なウサギです。爪を切るのに無理やり抱っこをするとストレスがたまりますか？ おとなしくなる瞬間もあるのですが、そういう時は暴れ疲れてしまっているように見えて、ウサギがかわいそうになります……。

A 無理せずプロにお願いしてもOK

ストレスを減らすために、なるべく短時間で爪切りを終わらせましょう。爪切りはだいたいひと月に1回、多くても2回程度行えば充分です。一度に無理して全部の爪を切ろうとせず、1本ずつ爪を切るなどして、少しずつならしていきましょう。そして、苦手なことにつきあってくれたら、大好きなおやつをごほうびとして少量あげましょう。

どうしても家でできない場合は、ウサギ専門店などプロにお願いしてもいいでしょう。

Q5 「マウンティング」が激しい

生後5か月になるメスですが、最近マウンティングが激しくなりました。私の腕や足をつかんで、腰をすごい勢いで振り続けます。ぬいぐるみを与えていますが、興奮しやすいのか、ダッシュを繰り返して、バタンと倒れたりします。

A 興奮したらケージに戻し、気分転換を

性行為のように腰を振る「マウンティング」はオスに多い行動ですが、メスでも見られます。マウンティングには、自分の優位性を示す意味があります。飼い主さんに対して、自分が上の立場であることを示したいのかもしれません。飼い主さんが反応すると、余計にしつこくすることもあります。注意したりせずに、ほかのことで気を紛らわせるよう仕向けましょう。

興奮が強ければケージに戻し、ボールやかじり木などのおもちゃで気分転換を。あまりにマウンティングがおさまらない場合は、去勢・避妊手術（41ページ参照）を考えてもいいでしょう。

Part
5

トレーニングと
遊び

"ウサトレ"を楽しむ3つのメリット

ウサギは賢い生き物です。
また運動能力も高く、日々の遊びを通して、
その力を発揮させてあげることで、
ますますイキイキと暮らすことができます。
ぜひチャレンジしてみましょう。

MERIT 1
関わりが密になり、絆が強まる

"ウサトレ"は、ウサギが持つ能力を伸ばし、飼い主さんとのコミュニケーションを楽しめるようになるトレーニングのこと。毎日のお世話や体のケアに加えて、"ウサトレ"をすることで、ウサギと飼い主さんとの関わりが密になり、絆を強めることができます。

MERIT 2
ウサギのQOL（生活の質）が高まる

野生のウサギと違い、人間と暮らすウサギは、外敵に狙われる心配もなく、心安らかに過ごせます。その一方で、本能を満たす活動が制限されている環境ともいえます。遊びを通じて体を動かし、頭を使うことで、ウサギのQOLを高めることができます。

ウサギに自信がつき
自己解決能力がつく

"ウサトレ"を続けるうちに、ウサギと飼い主さんには信頼関係が生まれていきます。また「こういう行動をすると、トリーツ（ごほうび）がもらえる」と学習することで、自信のあるウサギになっていきます。そして飼い主さんがウサギにしてほしい行動をウサギ自身が考え、自発的に行えるようになっていくのです。

こんな"ウサトレ"や遊びにチャレンジ！

おやつはどこかな？

「本能を満たす遊び」で、問題行動を軽減

➡ 152ページ

ウサギには「穴を掘る」「ものをかじる」などの本能的な行動がありますが、人間と暮らすウサギは、思う存分こうした行動ができず、ストレスがたまることも。本能を満たす遊びを取り入れることで、「かじられたくない場所をかじる」などの問題行動が軽減します。

「クリッカートレーニング」はしつけにも効果大

➡ 132ページ

「クリッカー」という、音の鳴る道具を使います。こちらが望む行動をしたらクリッカーを鳴らしてごほうびをあげるようにすると、「クリッカーの音＝ごほうび＝楽しいこと」とウサギは理解していきます。しつけの場面でも、絶大な効果があります。

「へやんぽ」や「うさんぽ」で、ストレス解消

➡ 156ページ

ウサギの冒険心、運動欲求を満たしてあげるには、ケージから出して、部屋の中で自由に遊ばせる「へやんぽ」や、お外で遊ばせる「うさんぽ」が効果的です。安全に充分気をつけて、思う存分遊ばせてあげれば、運動不足＆ストレス解消になります。

トレーニングの基本

「できたらほめる」で やる気をアップ

できなくても叱らないこと

　ウサギは遊びが大好き。人間と同じように、ウサギなどの動物たちも、遊びを通していろいろなことを学びます。遊びで経験した楽しかったこと、自分が興味を持ったことが、ウサギの意欲を引き出します。

　ウサギはトレーニングすることで、いろいろなことを覚えてくれます。このとき大事なのが、「こちらの望む行動をウサギがしてくれたら、ほめてあげること」です。もしできなかったとしても、叱るのは逆効果です。

　ウサギはほめられることで「こういう行動をすると、ごほうびがもらえる（＝ほめられる）」と覚えていきます。大好物のおやつを使って、ウサギのやる気を引き出してあげましょう。

ほめられると、やる気が出るよ！

---

 check!
ウサトレの心得

1 飼い主さんが落ち着く
「うまく教えられるかな？」と不安に思ったり、「絶対覚えさせる！」と張り切りすぎたりしてしまうと、ウサギも落ち着かなくなってしまうかもしれません。

2 叱らない
できなくても声を荒げたり、厳しく叱りつけたりするのはNG。信頼関係をこわしてしまいます。

3 おやつを使ってほめる
言葉でほめられるより、大好物のおやつをもらうほうが、ウサギにとってはうれしく、達成感が感じられます。

ほめられることで、自分で考えて行動できるようになる！

ウサギは、ほめられることでどんどん意欲が向上して、自分から行動するようになります。
彼らの性質を理解して、効果的にトレーニングを進めていきましょう。

クリッカートレーニングの基本

クリッカーを活用して能力を引き出す

🐰 動物行動学に基づく効果的なしつけ方法

　ウサギはもちろん、犬や猫などのペットのトレーニング方法として、クリッカートレーニングが注目を集めています。このトレーニングは動物行動学的に効果が証明されていて、動物園でも活用されています。使うものは、「クリッカー」と呼ばれる音の鳴る道具と、ウサギが大好きなおやつ（トリーツ＝ごほうびとして使います）があればOKです。

　まず最初に、クリッカーを鳴らし、すぐにトリーツを与えます。繰り返していくうちに、ウサギは「クリッカーの音＝ごほうびがもらえる＝楽しいこと」と理解します。クリッカーを使うことでキャリーに入ったり、体重計に乗ったりといった行動ができるようになるのです。

　クリッカートレーニングでは、もともとウサギができる行動を強化・応用して、飼い主さんが「してほしい」と思う最終目標に近づけることができます。たとえばウサギは日常的にジャンプをしますが、クリッカーを使い誘導してハードルを越えることを教えると「ラビットホッピング（障害物ジャンプ競技）」が楽しめます。

　飼い主さんとウサギが一緒にチャレンジすることで、信頼関係も深まっていきます。

体重計に乗るなど、苦手だったことも、クリッカートレーニングでできるようになります。

	できること	こんなこと／こんな時に役立つ
p140 →	●マットに乗る	体のチェックやお手入れの時に役立つ
p142 →	●キャリーに入る	外出の際などにキャリーで落ち着いて過ごせる
p144 →	●体重計に乗る	こまめに体重を計って健康管理ができる
p146 →	●スピン・ターン	体を動かして遊ぶことで運動になり、ストレスが発散できる
p147 →	●トンネルくぐり	
p148 →	●ぬいぐるみにキス	頭を使う遊びで、脳にいい刺激を与える
p149 →	●サッカーでゴール	

ウサギが「してほしいこと」を覚えるようになる理由

クリッカートレーニングは、ウサギに何かを強要するのではなく、自発性を大切にして「してほしいこと」や「好ましいこと」を覚えてもらうトレーニング。

大切なのは、「正解！」「よくできたね」ということを、わかりやすくウサギに伝えることです。

行動する

たとえば、「合図でマットに乗る」という行動を教える場合、ウサギがマットを見たり、近寄っていく行動を見逃さないように観察します。

ウサギの気持ち
「あれ？何かあるぞ？」

クリッカーが鳴るとトリーツをもらえる

ウサギがマットに気づき、意識した時点で、クリッカーを鳴らし、好物のおやつを「トリーツ＝ごほうび」としてあげます。

ウサギの気持ち
「わーい！大好きなおやつだ」

再び行動する

さらにマットに近づき、最終的に「マットに乗って過ごす」ことができるまで繰り返し、トレーニングを続けます。やがて、トリーツがなくても、合図の音だけでマットに乗れるようになります。

ウサギの気持ち
「マットに乗れば、ごほうびがもらえる！」

クリッカートレーニングに必要なもの

　クリッカートレーニングは、音でウサギに合図する「クリッカー」と、ごほうびとなる「トリーツ」（おやつ）があれば始められます。トレーニング中は、基本的に言葉でほめることはしません。こちらが望む行動をしてくれた「報酬＝ごほうび」は、クリッカーの音とセットのトリーツに限定します。

各種クリッカー

クリックスティックタイプ

シンプルなクリッカー

クリッカーは犬などのトレーニング道具として、ペットショップやネット通販で入手できます。最初に使うのは、先端のボールでウサギを誘導できるクリックスティックタイプがおすすめです。

トリーツ（ごほうびになるおやつ）

ウサギが一番好きなものを使うと、効果的です。小さめですぐに飲み込めるものが扱いやすいので、ドライフルーツを小さく切り刻んだものなどがおすすめです。カロリーオーバーにならないように、あげる量を決めておきましょう。

細切りのパパイヤは、小さくカットしておくとよい。

リンゴフレークは、好きなウサギが多い。

甘味のある乾燥パパイヤも嗜好性が高い。

粒状の乳酸菌は食べさせやすいのでおすすめ。

🐰 クリッカーを鳴らしたあとのトリーツのあげ方

トリーツは「クリッカーを鳴らしたらすぐあげる」ようにするのがポイントです。

次の3種類から、あなたのウサギが一番トリーツを受け取りやすい方法で行うとよいでしょう。

手から直接あげる

手をこわがらないウサギ向き。片手にクリッカーを持ち、逆の手にトリーツを持ち、いつでもあげられるように準備しておきます。

一度にあげる量は、細切りパパイヤなら数ミリに刻んだもの1本で十分です。

床に落とす

人間の手をこわがるウサギ向き。クリッカーを鳴らすのと同時に、床にトリーツを落とします。このとき、ウサギがすぐに気がつく場所に落とすように気をつけましょう。

器にトリーツを落とす

人間の手をこわがったり、手を出すとかんでしまうウサギ向き。床に落とすのでは気づきにくい場合も、この方法がおすすめです。

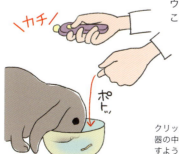

クリッカーを鳴らすのと同時に、器の中にトリーツを素早く落とすようにしましょう。

> クリッカートレーニング
> を実践

クリッカートレーニングを
しつけ&遊びに役立てる

🐰 カラ打ちの練習からスタート

　まずは飼い主さんがクリッカーの扱いになれることから始めましょう。クリッカーは、音でウサギに「いい子！」「よくできたね」と伝えるためのツールです。

　クリッカーはボタンを押すことで「カチッ！」という音が出ますが、押し方で音の鳴り方が少し違ってきます。ウサギのいない場所で、利き手にクリッカーを持ち、親指でボタンを押してクリックし、音を出してみましょう。

check! クリッカーの音にならすコツ

1 ボタンを素早く押す

クリッカーをゆっくり押すと「カチッ、カチッ」と2回鳴ったように聞こえてしまいます。短く1回鳴るように素早く押しましょう。

2 音に敏感な場合は、少しずつならす

音をこわがる場合は、まずは遠くでクリッカーを見せたり鳴らしたりして、ならすことから始めましょう。音が小さくなるように、タオルに包んでみるのもいいでしょう。

> 音にならす
> ことから
> 始めてね

クリッカーの音とトリーツの関連を覚えさせよう

「カチッと音がすると、トリーツがもらえる」ということを教える作業を「チャージング」といいます。

クリッカーの音とトリーツの関連を、ウサギに覚えてもらいましょう。

step 1 クリッカーを鳴らす

最初は、ウサギが集中できるケージの中で、練習するのがおすすめです。利き手にクリッカーを持ち、反対の手でトリーツを持ちます。クリッカーを押して、音を鳴らします。

きざんだ乾燥パパイヤなどのトリーツ（おやつ）を手に隠し持っておくと、トレーニングがしやすい。

step 2 鳴らした直後にトリーツをあげる

クリックした直後にトリーツを与えます。約0.6秒が理想と言われています。このとき、声をかけたり、人間が体を動かしたりすると、ウサギの注意がほかに向いてしまうので気をつけましょう。

なれてきたら、手からトリーツをあげてみる

最初は器にトリーツを落とす方法で練習して、なれてきたら手から直接あげてみましょう。

ウサギがトリーツに興味を持たないときは…

おなかがいっぱいのときは、効果が上がりません。朝ごはんの前など、ウサギがおなかを空かせている時間帯に練習するといいでしょう。集中力が増し、トレーニングの効果が上がります。

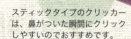

クリッカートレーニング ❶

ターゲットに鼻をつける

チャージングができて、ウサギが「クリッカーの音＝トリーツ」と覚えてきたら、ターゲット（標的）に鼻をつける練習をしてみましょう。ウサギの行動を、飼い主さんがしてほしいと思う行動に近づけていければ、いろいろな場面で応用できるようになります。

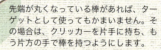

スティックタイプのクリッカーは、鼻がついた瞬間にクリックしやすいのでおすすめです。

先端が丸くなっている棒があれば、ターゲットとして使ってもかまいません。その場合は、クリッカーを片手に持ち、もう片方の手で棒を持つようにします。

 ウサギの視界にターゲットを出す

「ターゲット棒に鼻をつける」ことを目標にトレーニングを開始しましょう。ターゲットがついたスティックタイプのクリッカーを、まずはウサギに見せます。

 ターゲットを見たらクリッカーを鳴らす

ウサギがターゲットのほうを見たら、第一段階クリア。クリッカーを鳴らし、トリーツを与えます。

 ターゲットに近づくたびにクリッカーを鳴らす

ターゲットに近づいてきたら、第二段階クリア。すかさずその瞬間にクリッカーを鳴らし、トリーツを与えます。こうすることで、ウサギは「近づくと、いいことが起こる」と学習していきます。

4 ターゲットに鼻がふれたらクリッカーを鳴らす

ウサギの鼻がターゲットにふれたら、すかさずクリッカーを鳴らし、トリーツを与えます。

5 「ふれる ➡ クリッカー」を何度も繰り返す

④を何度か繰り返し、鼻がターゲットについたら、「クリック＆トリーツ」を行います。飼い主さんが望む「ターゲットに鼻をつける」をより確かなものにしましょう。

check! クリッカートレーニングのコツ

1　1回の練習は飽きないくらいの回数と時間で

個体差がありますが、ウサギの集中力はそれほど長くは続きません。「30秒やったら休む」を繰り返し、長くても1日合計30分くらいにとどめましょう。

2　なるべくウサギに考えてもらう

なかなか近づかないからと、ターゲットをウサギに近づけないこと。ターゲットを指さしたり、「これだよ」などと声をかけたりするのもNG。ヒントはなるべく与えず、ウサギに考えてもらいます。

3　ごほうびは対象物から離れた場所であげる

対象とする物に近づくことを意識づけるために、トリーツは、対象から離れた場所であげるようにしましょう。

マットに乗る

クリッカートレーニング❷

合図をしたら、マットの上に乗る。
シンプルですが、これができると健康チェックやグルーミングがしやすくなります。

自分からマットに乗ることができるようになると、お世話もしやすくなります。

1 ウサギの視界の先にマットを置く

ウサギがこわがらない位置にマットを設置します。ターゲットやマットのほうを見たり、近寄っていったら、クリッカーを鳴らし、トリーツを与えます。

point
マットは、ウサギの足がすべらないものならタオルでも、グルーミング用の防水マットでも、何でもOKです。

2 マットを見ないときは鳴らさない

マットを初めて見る場合は、こわがってそちらを向かないこともあります。無理にマットのほうへ誘導はせず、クリッカーを鳴らさずに様子を見ます。

3 マットに足（体）がふれたら クリック＆トリーツ

ターゲットで誘導して、マットに足をかけたり、半身が乗ったりしたら、クリッカーを鳴らしてトリーツを与えます。

カチッ！

4 マットの上にとどまれたら クリック＆トリーツ

全身がマットに乗ったら、すかさずクリッカーを鳴らして、トリーツを与えます。マットの上でウサギが大好きなおやつをトリーツとしてあげましょう。これを繰り返すことで、行動が定着していきます。

カチッ！

応用編
ひざの上で抱っこ

マットに乗ることになれたら、飼い主さんのひざの上にマットを敷いて、ここにウサギが来るようにトレーニングをしましょう。なれてくると、ひざの上でおとなしくできるようになり、健康チェックやグルーミング、爪切りなどがしやすくなります。

ひざの上に前足をかけてきたら、トリーツを与えます。

ひざの上に乗ってこられたら、再度トリーツを与え、両手で軽く支えます。

\チャレンジ！/

クリッカートレーニング ❸

キャリーに入る

キャリーに落ち着いて入れるようになると、お出かけのときも安心。「キャリーに入る＝嫌なこと」とマイナスイメージを持っているウサギも、クリッカートレーニングで練習すれば、「キャリーに入る＝楽しいこと」と思うようになってくれます。

前面が大きく開き、上面も開くキャリーだとウサギを誘導しやすいので、トレーニングに使うのに向いています。

1 ウサギのそばにキャリーを置く

キャリーに嫌なイメージがあるウサギは、最初は見向きもしないかもしれません。また、キャリーを買い替えたときも、新しいキャリーに警戒心をもつウサギは多いもの。まずは少し離れた場所にキャリーを置きましょう。

2 キャリーに近寄ったらクリッカーを鳴らす

ターゲットやキャリーのほうを見たり、近寄っていったら、クリッカーを鳴らし、トリーツを与えます。近づいてにおいをかぐなど、キャリーを意識するしぐさが見られたら、クリック＆トリーツ。

カチッ！

3 半身を入れたところで、クリック&トリーツ

ターゲットで誘導してキャリーケースに足を踏み入れて、半身が入ったところでクリック&トリーツ。飽きないように、休憩を挟みながら何度か練習を。

カチッ!

point
いったんキャリーの中に入っても、すぐに出てきてしまうときは、クリッカーを鳴らさないようにしましょう。

4 全身が入ったら、キャリーの中でトリーツをあげる

キャリーに全身が入ったら、そこを楽しい場所だと思ってもらうために、その場でクリック&トリーツ。中に居続けることができるようになったら、トレーニング完了です。中のウサギに、トリーツを与えましょう。

応用編

言葉の合図「ハウス」を使う

ハウス!

クリッカートレーニングで、キャリーに入ることが定着してきたら、「ハウス」という合図を言いながら、トリーツをあげてみましょう。「ハウス」の言葉の合図で、キャリーに入れるようになります。

クリッカートレーニングは災害時にも役立つ

災害などの被害で避難するときなど、家族の一員であるウサギも一緒に連れていきたいと思う方も多いでしょう。そんなとき、クリッカートレーニングでキャリーに入る練習をしておけば、ウサギは落ち着いていられます。日頃からトレーニングすることで、ウサギは自信をもって、いろいろな場面に対応できるようになっていきます。

\チャレンジ！/

クリッカートレーニング ❹

体重計に乗る

日々の健康管理に、体重測定は欠かせません。見慣れないものに乗るのは、ウサギにとって最初はこわいことかもしれませんが、クリッカートレーニングで練習すれば、自分から乗れるようになります。

体重チェックは、ウサギの健康管理に役立ちます。

1 こわがらない場所にスケールを置く

体重計（スケール）は薄めのものにすると、乗りやすくなります。すべらないように、上にマットを敷いておくといいでしょう。

2 スケールを見たらクリッカーを鳴らす

ターゲットやスケールに興味を示したり、見たりしたら、すかさずクリック＆トリーツ。ウサギが「近づくといいことがある」と覚えるようにしましょう。

カチッ！

3 半身が乗ったらクリッカーを鳴らす

ターゲットで誘導し、前足をスケールにかけたり、半身が乗ったら、クリック＆トリーツ。偶然でも、乗れたらほめてあげましょう。

カチッ！

4 望まない行動には鳴らさない

スケールの上にいることができず、飛び越えたり、すぐに下りてしまったりするかもしれません。そんなときは、クリッカーを鳴らさないようにしましょう。

5 3回くらい繰り返す

再び、前足をかけたり、スケールの上に乗るなどの飼い主さんが望む行動をしたら、クリック&トリーツ。3回くらい繰り返しできるようになるまで、チャレンジします。

カチッ!

ちゃんとできたよ!

6 じっとできたらクリック&トリーツ

スケールの上で、じっとしていられたら、クリック&トリーツ。

カチッ!

スピン・ターン

ターゲットで誘導して、クルっと一回転する遊びを教えてみましょう。反時計回りがスピン、時計回りがターンと呼ばれます。ここではスピンの練習のしかたを紹介します。

チャレンジ！
クリッカートレーニング ❺

1 ウサギの視界にターゲットを出す

注意をひくように、目の前にターゲットを出します。ターゲットを見たら、クリッカーを鳴らし、トリーツを与えます。

カチッ！

2 ターゲットで後ろ方向へ誘導

ターゲットをゆっくり反時計回りに後ろへ動かします。ウサギがついてきているのを確認しながら、ターゲットを動かしましょう。

3 さらにターゲットを動かす

さらに反時計回りに、ターゲットを動かします。このとき、声はかけずに、ターゲットの動きに集中させるようにしましょう。

くるっ!!

4 一回転できたら、クリック＆トリーツ

さらにターゲットを回し、正面まで戻ってきたら、クリック＆トリーツ。反時計回りができるようになったら、時計回りの練習もしてみましょう。

カチッ！

\チャレンジ！/

クリッカートレーニング ❻

トンネルくぐり

トンネルに入ったり、くぐって出たりは、ウサギが好きな遊びのひとつです。クリッカーを使えば、飼い主さんの合図でトンネルをくぐり抜けられるようになります。

1 トンネルをウサギの近くに置く

ウサギの近く（逃げない距離）に、トンネルを置きます。

2 近寄ったら、クリッカーを鳴らす

トンネルを意識して近寄ったり、においをかぐしぐさをしたりしたら、クリック＆トリーツ。

カチッ！

3 中に入ろうとしたら、クリック＆トリーツ

最初はなかなか中に入ろうとしないかもしれませんが、根気よく練習。そのうちトンネルをのぞき込んだり、中に入ろうとしたりするようになります。

4 くぐり抜けられたらクリック＆トリーツ

入り口と反対側にターゲットを置き、トンネルをくぐり抜けられたらクリッカーを鳴らし、トリーツを与えましょう。入る前に「トンネル」と言うようにすると、合図だけで入れるようになります。

カチッ！

よいしょ！

カチッ！

Part 5 トレーニングと遊び　クリッカートレーニングを実践

ぬいぐるみにキス

ぬいぐるみに鼻をつける姿がとてもかわいく、思わずほほえんでしまいます。ぬいぐるみはペット用のものでなくても、安全な素材でかじっても大丈夫なものならOK。

ぬいぐるみを置いて、ならす

ぬいぐるみをウサギの近くに置き、存在にならすことからスタート。最初は無関心かもしれませんが、少しずつならしていきましょう。

ぬいぐるみを見たら、クリック＆トリーツ

ターゲットで近くまで誘導し、ぬいぐるみを見たり、においをかごうとするなど、興味を示す行動が見られたらクリッカーを鳴らし、ごほうびをあげます。

カチッ！

自分から近づいていくのを待つ

なかなか近づこうとしなくても、「ほら、ここにいるよ！」などと声をかけたり、ぬいぐるみを近づけたりしないこと。ウサギ自身が、どうしたらトリーツがもらえるか考えることが大切です。

ぬいぐるみにキスしたらクリック＆トリーツ

においをかいでいるうちに、偶然でも鼻がぬいぐるみの顔にふれたら、クリック＆トリーツ。タイミングよくほめて、「これをするといいことがある」と、ウサギに理解させることが大事です。

カチッ！　チュッ！

チャレンジ！

クリッカートレーニング ❽

サッカーでゴール

ゴールを決められたら、ごほうびを。活発で好奇心旺盛なウサギ向きの遊びです。ボールは犬や猫用のおもちゃ、ゴールは器など、身近にあるものでOKです。

1 ウサギの視界にボールを置く

ウサギの視界にボールを置いて、その存在にならすことからスタートしましょう。

2 ボールのほうを見たら、クリッカーを鳴らす

ターゲットで誘導して、ボールを見たり、鼻を近づけるなど、興味を示す行動をしたら、クリッカーを鳴らしトリーツを与えます。

カチッ！

3 ボールを鼻で転がしたら、クリック＆トリーツ

ボールのにおいをかいでいるうちに、鼻でボールを転がしたら、クリック＆トリーツ。偶然でもほめてあげることで「これをするとほめられる」と、ウサギは理解するようになります。

4 ゴールを手伝い、できたらクリック＆トリーツ

最初は飼い主さんが、ボールの転がる先にゴールを用意。ウサギが自分からゴールするのは難しいので、手伝ってあげましょう。ゴールにボールが見事入ったら、クリック＆トリーツ。

カチッ！　GOAL！

チャレンジ！ラビットホッピング Lesson

ウサギはジャンプ力があります。その力を発揮して、飼い主さんと一緒に楽しめるのが、「ラビットホッピング」。協力して取り組むことで、飼い主とウサギの絆が自然と強まります。

練習するうちに、自分でジャンプして障害物を越えることを楽しめるようになります。

ラビットホッピングの練習や競技には、外れにくく、首を締め付けない"Hスタイルハーネス"を使用します。ハーネスをつけて飼い主さんと歩く練習をするなど、ハーネスに充分ならしてから、トレーニングを始めましょう。

1 ウサギの前にハードルを置く

まずはラビットホッピングの台だけで練習します。ハードルをウサギの前に置き、存在にならすことから始めましょう。チラッとでも見たり、鼻でさわるような行動をしたらトリーツをあげましょう。

2 飛び越えるように誘導

ウサギはジグザグに走る習性があります。リードでウサギの動きをコントロールしながら、ハードルを飛び越えるように誘導します。

ウサギが自分でハードルに近づき、飛び越えることが大事です。誘導するときは、無理に飛び越えさせようとしないで、ウサギの自主性を引き出しましょう。

ピョン！

3 うまく飛び越えられたら、充分にほめる

ウサギが自分で飛び越えることができたら、とっておきのトリーツを与えて、充分にほめてあげましょう。ウサギのモチベーションがアップします。

わーい!!

4 バーを設置して高さを変えて、チャレンジ

飛び越えられるようになったら、ハードルにバーを設置して、少し高くします。少し離れたところから走り出し、飛び越えられるようにサポートします。

ジャンプ!!

5 繰り返し練習する

飛び越えることをウサギが覚えてきたら、繰り返し練習をしていきましょう。最初はバーを落としてしまうかもしれませんが、トリーツを与えてウサギのやる気を引き出してあげましょう。少しずつ、バーを落とさずに飛べるように練習していきます。

着地成功!!

ラビットホッピングの歴史

ラビットホッピングは、ウサギと人がチームになって行う障害物ジャンプ競技です。1970年代初頭にスウェーデンで始まり、1987年に初めての国際大会がストックホルムで開催されました。その後ヨーロッパやアメリカ、カナダ、オーストラリアなどに広まり、日本では2014年に初のエキシビションを開催。2015年4月、JRHA（Japan Rabbit Hopping Association／www.rabbithopping.jp）が設立され、講習会などのイベントも行われています。

本能を満たす遊び

楽しく遊んで
ストレス知らずに

 「遊び」はウサギの暮らしを豊かにする

　ここで紹介する遊びや、154ページの「フード探し」などは、ウサギの「環境エンリッチメント」につながります。環境エンリッチメント（environmental enrichment）とは、「動物福祉の立場から、飼育動物の"幸福な暮らし"を実現するための具体的な方策」のことです。家庭で飼育されている環境は、本来の生息地の環境と比較すると、どうしても単純で、変化が少ないものになりがちです。遊びを上手に取り入れることで、ウサギの飼育環境はより充実したものになるでしょう。様子を見ながら、楽しめる遊びを選んであげましょう。

おもちゃで遊ぶの大好き！

ウサギは遊びが大好き。お気に入りのおもちゃを探してあげましょう。

「かくれる」遊び

　野生のウサギは、巣穴の中で暮らします。そのなごりで、ウサギは狭いところにかくれるのが大好き。ケージから出したら、家具のすきまに入り込んでしまうこともあります。そんな「かくれる本能」を満たす遊びは、紙袋や小物入れなど、おうちにあるものでもすぐにできます。

木でできたキューブは、かじっても大丈夫なのがうれしい。

遊び 2　「掘る」遊び

　ウサギは、穴掘りが大好き。段ボールにウッドチップを入れて、その中で思いっきり掘らせてあげましょう。深さがある段ボール箱にウッドチップを敷き詰め、ウサギが通り抜けられるくらいの穴を開けた段ボール板を入れます。ウサギはウッドチップを掘り進み、反対側に出ようとします。ウッドチップなら、ウサギの体も汚れませんし、口にしても安全です。

ウサギは夢中になって、ウッドチップを掘っていきます。

掘って遊ぶためのおもちゃも販売されています。連結して大きな迷路ハウスのようにすることもできます。

遊び 3　「かじる」遊び

　ウサギはものをかじるのが大好きです。天然木や牧草などの安全な素材でできた「かじるおもちゃ」を、ケージに入れてあげましょう。かじったり、鼻先で転がしたりと、いろんな遊びを楽しめます。ケージをかじるなどの困った行動がある場合、かじるおもちゃを入れることで、落ち着くこともあります。

かじったり、転がしたりできるおもちゃは、ストレス解消にも役立ちます。

Part 5　トレーニングと遊び　本能を満たす遊び

フード探し

フード探しでウサギの脳を活性化

🐰 ウサギが夢中になる「フォージング」にトライ!!

動物にとって「食べ物を探す」という行動は、何より大事です。最近、犬や猫、小鳥などのペットや、動物園の飼育動物に"フォージング"が取り入れられています。フォージングとは、「食べ物探しの行動」のことです。

たとえばボールの中にフードをかくしておいて、転がすとフードが出てくるといった仕掛けをすることで、頭を使ってフードを探すようになります。これはとても良い脳の刺激になり、動物たちはイキイキとしてきます。ウサギが大好きなおやつを使って、トライしてみましょう。

フード探しは、ついつい真剣になっちゃうよ～

フード探しは脳に良い刺激を与えます。

遊び 1　掘ってフードを探す

厚みのあるチモシーでできたマットの中に、ペレットや好きなおやつをかくしておきます。ウサギはにおいでフードに気づき、掘るようにして探し出します。ウサギの本能である「掘る」と、フード探しの両方が一度に楽しめるので、満足感が得られます。

アジアンチモシーでできたマット状のおもちゃ。フードをかくすのにちょうど良い作りです。

顔をうずめるようにして、フードを一生懸命に探します。

遊び ② 転がしてフードを出す

中にフードを入れられる、卵型のおもちゃ。転がすことで中に入っているフードを出すことができます。ウサギのお気に入りのおやつを入れておくと、鼻でつついたり、転がしたりして、「どうしたら中のおやつを取り出せるかな？」と考えるようになります。

穴の大きさを変えることで、難易度を調整できるので、最初は穴を大きめに開けてあげましょう。

最初はどうしたら中のフードが出せるかわからなくても、遊びながらウサギは学習していきます。

本来は猫にハンティングの疑似体験をさせるアイテムですが、ウサギにも使いやすい大きさです。

「フード探し」は、家にあるものでも楽しめる

ペット用のグッズを使う以外にも、家にあるもので簡単にできる遊び方があります。たとえばトイレットペーパーの芯にフードがちょうど出てくるくらいの穴を開け、両側をふさぎます。ウサギが転がすことで、中のフードが出てきます。

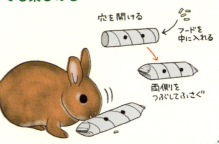

お散歩

「うさんぽ」で外遊びを楽しむ

🐰 安全を最優先に準備しよう

　ウサギとお散歩する「うさんぽ」は、いい気分転換になり、ストレス解消にもなります。ただし、必ずしなければならないものではありません。ストレスになる場合もあるので、無理はしないようにしましょう。

　目的地まではキャリーケースに入れて移動して、安全な場所に着いたら遊ばせます。またうさんぽを始める前には、抱っこの練習もきちんとしておきましょう。

　外でウサギを遊ばせるときは、必ずリードをつけましょう。急に走り出してしまったときなど、リードがないと危険です。また、うさんぽへ出かける前には、ハーネスやリードを付けて、部屋の中で歩く練習をしておきましょう。

外を歩くときは、必ずリードを付けて安全を確保しましょう。

オススメグッズ

ハーネスは首を絞めつけないベスト式がおすすめ

ウサギ用のハーネスには、ひも式のものとベスト式のものがあります。ベスト式のほうが安定感があるので、おすすめです。

ベスト式のハーネス
ベスト状になったハーネスを着せてから、バックルでサイズを調節できます。いろいろな色柄のものが選べるので、洋服感覚で楽しめます。

🐰 ハーネス&リードの付け方

step 1 ひざの上で、ベストを着せる

ひざの上にウサギをしっかり乗せ、ハーネスのベスト部分を着せます。

step 2 バックルを調整して留める

ウサギの体にフィットするように長さを調整してから、首とおなかのバックルを留めます。

step 3 ゆるすぎず、きつすぎない状態に

ゆるすぎるとウサギが抜け出してしまうし、きつすぎると息苦しくなってしまいます。指が1本入るくらいがちょうどいい状態です。

step 4 リードを付けて、完成

最後にハーネスにリードを取り付けます。

Part 5 トレーニングと遊び　お散歩

うさんぽの注意点

うさんぽの目的地は、ウサギが安心して遊べる安全な場所を選びましょう。緑の多い公園などがおすすめです。出かける前には、持ち物を準備しましょう。水分補給の給水ボトルやお手入れ用のブラシなども忘れずに（下の記事参照）。

外での活動は体力を使います。ウサギの様子をよく見て、疲れすぎないように気をつけましょう。最初は家を出て帰るまで、30分以内を目安にして。

check! こんなことに気を付けて

1. 犬や猫、カラス、人間の子どもなどとの接触は避ける。
2. 安全性が確認できない野草は食べさせない。
3. 夏の暑い時間帯、冬の朝夕など寒い時間帯は避ける。
4. 生後半年未満は、まだ体がしっかりしていないので連れ出さない。
5. 帰ったら、体の汚れやノミ・ダニなどがついていないかチェックを。

うさんぽに持って行きたいアイテム

● **キャリーケース**
通気性がよく、すのこがついているものがおすすめ。布製の軽いものは、持ち運びも便利。

● **ハーネス&リード**
目的地に着いたら、すぐに装着して。

● **給水ボトル**
外で遊ぶとのどが渇くので、忘れずに。

● **1回分の食事**（牧草、ペレットなど）**やおやつ**
おなかがすくこともあるので、食事やおやつを持参しましょう。

● **日傘**
晴れている日は、日よけにあると便利。

● **お手入れ用のブラシ、タオルなど**
家に入る前に、体の汚れや足の裏の汚れを落としましょう。

● **虫よけハーブスプレー**
うさんぽの前に、全身にスプレーしておきましょう。

うさんぽの手順

うさんぽに出かける前に、場所を下見しておくと安心です。
安全なルート、休憩によさそうな場所などを確認しておきましょう。

step 1　目的地まではキャリーで移動

家から目的地までは、ウサギをキャリーに入れて移動。移動が長くなるときは、途中で休憩を入れながら、無理のないようにして。

step 2　到着したら、リードを付けてうさんぽタイム

目的地に着いたら、リードを付けてから、広い場所で遊ばせましょう。

step 3　途中、水分補給や休憩を忘れずに

長時間外で遊ぶと、ウサギも体力を消耗します。様子を見て、水分補給や休憩をしましょう。おやつやフードをあげてもかまいません。

step 4　帰りには、ブラシなどで汚れを取って

遊びが終わったら、軽くブラッシングして、体についた汚れを取りましょう。足もタオルでよく拭いてから、キャリーに入れて帰路につきます。

室内の遊び

「へやんぽ」で運動不足を解消

部屋の中で体を動かす時間も作ろう

「へやんぽ」とは、部屋の中でウサギがお散歩すること。ケージの中でじっとしていると、ウサギは運動不足になってしまいます。できれば1日1回、ケージから出して、体を動かせる時間を作ってあげましょう。

個体差はありますが、時間は30分～2時間が目安です。あまり長時間遊ばせると、疲れてしまうので気をつけましょう。

時間を決めて、毎日ケージの外で遊ばせてあげましょう。

check!「へやんぽ」の注意点

1 室内に危険がないか事前にチェック

部屋に放すときは、かじられて困るものは片付けるか、ガードしましょう。特に電気コードや、ウサギに有害な観葉植物などをかじると危険です。ほかにも危険がないか、部屋に出す前にチェックしておきましょう（96ページ参照）。

有害な観葉植物は片づけておく → 他の部屋へ

電気コードやコンセントも保護しておく

70cm×50cmのパネルを組み合わせて、運動スペースが簡単に作れるパーテーション。広さが変えられて便利。

2 サークルやパーテーションを活用する

サークルやパーテーションで空間を区切って、その中で遊ばせると安全です。ただし高さが低いと、ウサギが跳び越して、出てしまうことも。遊んでいる間は、なるべく目を離さないようにしましょう。

🐰「へやんぽ」でこんな遊びをしてみよう

飼い主さんとウォーキング

飼い主さんの足の間を、8の字を描くようにクルクルとウサギが回ることがあります。これはかまってほしかったり、ごはんをおねだりしたりするときにする行動です。ウサギを踏まないように気をつけながら、一緒にお散歩してみましょう。足の甲でウサギの体をやさしく持ち上げたり、スキンシップも楽しむことができます。

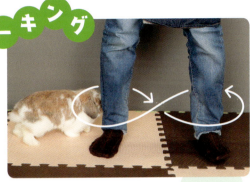

ウサギが足の近くにやって来たら、遊びの始まり。

飼い主さんの両足の間をくぐったり、外側を回ったり、遊びながらいい運動になります。

Q&A へやんぽ

Q 「もっと遊びたい！」とアピールしてきます

へやんぽをさせた後、ケージをガシガシして、出してほしいとアピールしてきます。もっと遊ばせたほうがいいでしょうか？

 A 要求に応えずそっとしておきましょう

「もっと遊びたい！」というアピールでしょうが、そっとしておくとそのうちにおとなしくなります。かまってしまうと、逆に要求がエスカレートすることがあります。
　へやんぽは、飼い主さんの生活リズムに合わせて、ルールを決めておくことが大事。たとえば「仕事から帰ったら、その後30分、へやんぽをさせる」など、無理なくつきあえる時間に行いましょう。

column

シャッターチャンスを逃さない！
かわいいポーズを撮影するコツ

動きをよ〜く観察！
「次の動き」を予測しよう

「かわいいうちの子」を写真に撮りたい！　でも、なかなかポーズが決まらない。そんな悩みを持つ飼い主さんも多いのではないでしょうか。

いきいきしたポーズを撮りたいときは、ウサギの動きをよ〜く観察して、「次の動き」を予測することが基本。たとえば、後ろ足で立ったポーズを撮影したいと思った時。立ち上がってからスマホやカメラを構えたのでは、間に合いません。伏せた状態から立ち上がるタイミングを予測して、シャッターチャンスを「待つ」ことです。普段からウサギの動きを観察して、「あ、このタイミングで動くんだな」というポイントをつかみましょう。

音などを使って動きを引き出すことも可能です。たとえば、すぐ目をつぶってしまうときは、軽く音を鳴らすなどの刺激を加えると、パッと目が開くことがあります。

ショーラビットの写真を撮るときは、重心が下半身に乗り、頭がすっと上がっているとポーズがきれいに決まります。おうちで写真を撮るときも、おもちゃやクッション、かごなどに前足をかけると、自然と体重が下半身に乗り、頭が高い位置にきてきれいなポーズで写真を撮ることができるでしょう。動きが活発なウサギは、かごなどに入れると少し落ち着くので撮影しやすいというメリットもあります。

いつも一緒に過ごしている、あなたならではの素敵な写真を撮るために、ぜひ参考にしてくださいね！

クッションなどに前足をかけると、顔の表情も撮りやすい。

ちょっと音を立ててみると、こんな風に文字通り「聴き耳を立てた」写真が撮れるかもしれません。

Part
6

健康を守る
食事メニューと
ごはんのルール

食事で健康を守る3つのポイント

ウサギは野生では繊維豊富な草などを中心に食べています。牧草をメインに、なるべく野生の食生活に近い食べ物をあげたいものです。体に合った食事をあげて、元気で長生きを目指しましょう。

point 1
牧草は食べ放題 たっぷり食べさせよう

ウサギの健康のためには、牧草とペレットをメインにするのがベストです。主食として毎日与えて、野菜や野草などを少し加えるのが理想的なメニューです。牧草は歯の伸びすぎを防ぎます。また繊維質が多いので、消化活動が活発になり、毛球症などの消化器の病気を防いでくれます。

point 2
ペレットは 時間と量を決めて

ウサギに必要な栄養素を網羅したペレットですが、食べすぎはよくありません。朝夕2回、時間と量を決めて適量をあげましょう。食べさせすぎると、肥満の原因になります。また年齢や成長ステージ別にいろいろなものがあるので、ウサギに合ったものを選んであげましょう。

野草や野菜、果物は ウサギの大好物

ニンジンの葉っぱや小松菜、チンゲン菜、ブロッコリー、ラディッシュなどの野菜は好きなウサギが多いので、副食として量を決めてあげましょう。またタンポポ、シロツメクサ（クローバー）などの野草は、食欲不振のときなどに効果的。果物もウサギの好物ですが、糖度が高いので、与えすぎには注意しましょう。

主食と副食をバランスよく与えよう

毎日あげるもの

◎ **牧草** → 166 ページ
草食動物のウサギに最適なフード。大きく分けてイネ科とマメ科のものがあります。

◎ **ペレット** → 169 ページ
牧草を主原料に、栄養バランスを考えて作られています。成長ステージに応じて選びましょう。

◎ **サプリメント** → 172 ページ
病気予防に、消化を助ける乳酸菌と毛球症予防のサプリメントを定期的に与えましょう。

ときどきあげるもの

△ **野菜・野草** → 170 ページ
緑黄色野菜を中心に、新鮮な野菜も少し与えるようにしましょう。野草もおすすめ。

△ **果物** → 172 ページ
しつけのごほうび用のおやつとして、少しだけあげましょう。

△ **ドライフード** → 173 ページ
おやつに重宝する野菜や果物のドライフードはウサギも大好き。カロリーが低い乾燥パパイヤなどがおすすめです。

基本のメニュー

牧草とペレットを中心にバランスよく

主食 歯や胃腸の健康に欠かせない　　**牧草**

　牧草には、アルファルファなどのマメ科のものと、チモシーなどのイネ科の2種類があります。マメ科のほうが高タンパク、高カルシウムでカロリーも高めなので、成長期のウサギに適しています。半年を過ぎると成長が落ち着くので、徐々にイネ科の牧草を増やしていきましょう。5歳以上のウサギには特に、カルシウムが多く尿路結石の原因になるマメ科の牧草は控えましょう。

　チモシーは1番刈り、2番刈り、3番刈りなど、刈り取られた時期によって、呼び名が違います。柔らかさや成分にも違いがあるので、あなたのウサギに合ったものを選びましょう。

check! 牧草を選ぶコツ

1　年齢に応じて、種類を変える
成長期にはマメ科のアルファルファとイネ科のチモシーをバランス良く、大人〜高齢のウサギには低カロリーのイネ科のチモシーをメインにして。

2　新鮮で、無添加のものを
牧草はペットショップやウサギ専門店で、新鮮で高品質のものを選んで購入しましょう。通販でも購入できます。

3　1度にたくさん買いすぎない
ウサギが1日に食べる牧草の量は、それほど大量ではありません。まとめ買いしすぎると、食べる前に鮮度が失われます。こまめに入手するのがおすすめです。

🐰 牧草の種類

　毎日の主食におすすめは、イネ科の牧草。チモシーが代表的ですが、甘味のあるオーツヘイ、オーチャードグラス、イタリアンライグラスなどがあります。いろいろな牧草を食べさせてみたり、食べっぷりが悪いときは種類を変えてみることもいいでしょう。また、牧草アレルギーのある飼い主さんには、牧草のみを固めた、ペレットタイプの牧草が粉が出にくくおすすめです。

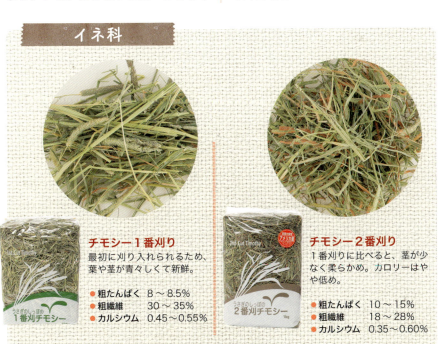

イネ科

チモシー1番刈り
最初に刈り入れられるため、葉や茎が青々しくて新鮮。
- 粗たんぱく　8〜8.5%
- 粗繊維　　　30〜35%
- カルシウム　0.45〜0.55%

チモシー2番刈り
1番刈りに比べると、茎が少なく柔らかめ。カロリーはやや低め。
- 粗たんぱく　10〜15%
- 粗繊維　　　18〜28%
- カルシウム　0.35〜0.60%

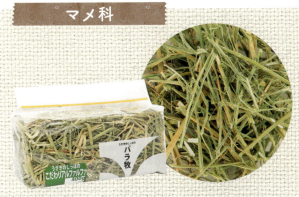

マメ科

アルファルファ
栄養価が高く、嗜好性がよい。子ウサギにおすすめ。イネ科に比べて、高タンパク、高カルシウム。
- 粗たんぱく　17〜22.5%
- 粗繊維　　　21〜26%
- カルシウム　0.8〜1.45%

牧草を食べさせるコツ

牧草は食べたいだけ食べられるように、牧草入れにたっぷりと入れておきましょう。子ウサギのうちからならしておくと、抵抗なく食べるようになることが多いようです。またペレットを多めに与えていると食べる量が減ってしまうので、少しずつペレットの量を減らしていきましょう。

どうしても牧草を食べないウサギには、おやつ感覚で食べられるキューブタイプのものを与えるのもおすすめです。

1 ペレットとのバランスを考えて与える

ペレットやおやつを多く与えていると、牧草を食べたがらなくなることがあります。ペレットは適量だけ与え、おなかがすいたら干し草を食べるように促しましょう。

2 いつでも食べられるようにしておく

木製の牧草入れは、かじり木にもなる。いつも牧草をたっぷり入れて。

牧草はウサギが食べたいと思ったときに、いつでも食べられるようにしておいてあげて。毎日時間を決めて、たっぷりと新鮮な牧草を容器に入れておきましょう。

3 上から吊り下げたり、編んでみたりする

食べない場合は、上から吊り下げるボール状の容器などに入れると、興味をもって食べるようになることがあります。三つ編みやひも状にして、上から吊るしてみてもいいでしょう。

4 しんなりしたら、天日やレンジで乾かす

買ってすぐはパリッとしていても、時間が経つとしんなりして、香りも落ちてきます。そんなときは、電子レンジで水分を飛ばしたり、10～20分くらい天日干しして、乾燥させましょう。

| 主食 | 年齢や体調に応じて選ぼう | ペレット |

ペレットは牧草を原料に、必要な栄養素を盛り込んで作られたウサギのためのフードです。ペレットには長毛種用、成長期用、シニア用など年齢や品種に応じたタイプがあります。あなたのウサギに合ったフードを選びましょう。4〜5歳くらいから太りやすくなってくるので、低カロリーのシニア用フードに切り替えるのがおすすめです。

2歳以上におすすめ
シニアブルーム

チモシーが主原料で栄養バランスがよい。2歳以上の大人のウサギにいい。
- 粗たんぱく　14〜16%
- 粗脂肪　　　3〜4%
- 粗繊維　　　18〜21.5%
- カルシウム　0.5〜0.6%

シニアにおすすめ
アダルトラビットフード

ハードタイプのシニア用フード。チモシーが主原料で、ダイエットにもおすすめ。
- 粗たんぱく　14%〜
- 粗脂肪　　　2%〜
- 粗繊維　　　25〜29%
- カルシウム　0.35〜0.85%

長毛種におすすめ
ウールフォーミュラ

パパイヤ酵素が配合されていて、飲み込んだ毛を排泄する効果が高い。アルファルファ主原料。
- 粗たんぱく　17%〜
- 粗脂肪　　　3%〜
- 粗繊維　　　17〜21%
- カルシウム　0.6〜1.1%

check! ペレットを選ぶコツ

1 適度な固さがある

ソフトタイプとハードタイプ、その中間のタイプがあります。ある程度かみごたえがあるものが適していますが、あまり固いものは歯根を痛めることも。ソフトタイプは嗜好性が高いものが多いので、食欲が落ちたときなどにはおすすめです。

2 栄養のバランスがいい

繊維質が多く、タンパク質と脂肪が適当なものを選びましょう。カルシウムの取りすぎは尿石症を引き起こすので、少なめのものを。成分表示をよくチェックして（180ページ参照）。

3 食べやすい形・大きさをしている

メーカーや種類によって形状もいろいろですが、なるべく粒が小さくて、ウサギが食べやすいものを選びましょう。

> 副食

野菜

草食性のウサギは、野菜が大好き。ただし生野菜はすぐに鮮度が落ちてしまうので、新鮮なものを毎日あげるようにしましょう。繊維質が多い、緑黄色野菜を中心にあげて。水分が多い野菜は、一度にたくさんあげないようにしましょう。

ニンジン
根の部分は炭水化物が多いので、与えすぎに注意。葉を好むウサギも多い。
栄養● βカロテン、ビタミンC、Eなど

ブロッコリー
市販のものはあまりついていないが、葉っぱを好むので、家で栽培してあげるのもいい。茎には繊維質が豊富。
栄養● ビタミンC、K、Eなど

大根
水分が多く、繊維質が少ないので与えすぎに注意。葉は繊維質が多い。
栄養● βカロテン、ビタミンC、カルシウムなど

セロリ
香りが高く嗜好性が高い。茎には水分がやや多いので、与えすぎに気をつけて。
栄養● カリウム、ビタミンC、βカロテンなど

小松菜
水分がやや多いので、与えすぎないように注意。
栄養● カルシウム、βカロテン、ビタミンK・B群・C、カリウム、鉄分など

シソ
繊維質が多い。ビタミンKが多いので、与えすぎに注意。
栄養● βカロテン、カルシウム、ビタミンKなど

パセリ
香りがいいので、食欲不振のときにいい。カルシウムが多いので与えすぎに注意
栄養● βカロテン、ビタミンE・K・B_1・B_2など

ココに注意 こんな野菜はあげないで

レタス、ジャガイモ、オクラ、ニンニク、ニラ、アボカド、ネギ、タマネギ、ゴボウ、ナスなどはウサギに適しません。特にジャガイモの葉やネギなどは、嘔吐、下痢、呼吸困難、貧血などを引き起こす中毒成分が含まれているので要注意。

ウサギにあげたい 野菜＆野草

野草

野草には、ウサギの体調を整えるのに役立つものがたくさんあります。道端に生えているものは、排気ガスがかかったり、犬や猫などの排泄物で汚れたりしていることがあります。また農薬などがついていることもあるので、よく洗ってからあげましょう。

セイヨウタンポポ
【キク科】
根元から放射状に生えている。黄色や白の花が咲く。葉をそのまま、または乾燥させて与える。

オオバコ
【オオバコ科】
根元から放射状に生え、茎がない。苦みが少ないので、嗜好性が高い。穂が出る前のものを与える。

ナズナ（ペンペングサ）
【アブラナ科】
2～6月に白い小さな花をつける。人間の民間薬としても使われる。ウサギが食欲不振のときにいい。

ヨモギ
【キク科】
葉は羽状に深く切れ込んでいて、菊に似ている。春の柔らかな若芽は苦みが少なく、嗜好性が高い。

葛（くず）
【マメ科】
葉は大きく、3枚の小葉に分かれる。若芽や茎を与える。苦みが少なく、嗜好性が高い。

シロツメクサ（クローバー）
【マメ科】
葉は3枚の小葉に分かれていて、中央にVの字の白い模様がある。成長した葉を乾燥してから与える。

コハコベ
【ナデシコ科】
高さ10～20㎝で、3～9月に白い小さな花をつける。抗菌作用、解毒作用などがある。

ココに注意　こんな野草はあげないで

ウサギには有毒な野草もたくさんあります。植物図鑑などでチェックして、うさんぽの途中などで口にしないように気をつけてあげましょう。

ウサギに有害な主な野草
- ヒガンバナ ● イヌホオズキ ● シャクナゲ ● アセビ
- アサガオ ● クロッカス ● スイセン ● スズラン
- トリカブト ● ポインセチアなど

おやつとサプリメント

体にいい
おやつとサプリの選び方

果物

果物は食物繊維やビタミンが豊富な食物です。でも糖分が多く、カロリーも高めなので、与えすぎると肥満や虫歯の原因になるので気をつけましょう。体の小さなウサギにとっては、イチゴ1粒をあげても、人間にとってみれば何十粒も食べるのと同じ。小さく切って、少しずつあげましょう。

おすすめの果物

リンゴ、ブドウ、イチゴ、バナナなどがおすすめです。パイナップルやパパイヤにはおなかの働きをよくする酵素が入っており、毛球症などの病気予防に効果的なので、特におすすめ。なおアボカドは中毒を起こす危険があるので、絶対に与えないで。

リンゴ / イチゴ / バナナ / ブドウ / パイナップル / パパイヤ

サプリメント

必要に応じてサプリメントや健康食品を取り入れるのもおすすめです。乳酸菌、納豆菌は、整腸作用に優れています。パパイヤ酵素のタブレットなども、消化を促す効果があります。また免疫力を高めてくれるプロポリス、アガリクス、皮膚病や内臓疾患に効果的なキトサン、アンチエイジング効果のあるコエンザイムQ10など、いろいろなサプリメントがあります。元気に長生きを目指して、上手に活用しましょう。

アクティブE
パイナップル酵素とアップルファイバーがおなかの調子を整えるのに効果的。

うさぎの乳酸菌
ビフィズス菌をはじめ、3種類の乳酸菌をバランスよく配合している。粒状なので、おやつとしても手軽にあげられる。

ドライフード

ドライフードのフルーツ、野菜・野草などは、ウサギの大好物。ウサギを飼い始めてすぐは、飼い主さんにならすために手渡しで食べ物をあげる練習が効果的です。また Part 5 で紹介しているクリッカートレーニングのごほうびとしても役立ちます。

おやつを選ぶときは、パッケージなどにまどわされず、原材料をしっかりチェックして。天然のパパイヤを天日干ししたものは、毛球症の予防に役立つので、特におすすめです。

天然パパイヤ
青パパイヤを天日干しした自然食品。毛球症の予防に効果があり、嗜好性が高いので、食欲不振のときにもいい。

圧ぺん大麦
普段の食事にふりかけとして使うのにおすすめ。食欲不振のときや、成長期の子ウサギ、シニアのウサギにもいい。

青マンゴー
無添加の青マンゴーを食べやすくカットしたおやつ。各種ビタミンが含まれ、食物繊維も豊富。

ココに注意　人間の食べ物はあげないで

かわいいウサギにおねだりされて、お菓子や人間のごはんなどをあげたくなる気持ちはわかりますが、草食性のウサギの体には悪影響を及ぼします。

● **ごはん・パン** ● 炭水化物が多く、カロリーも高いため、肥満の原因に。繊維質が少ないので、悪玉菌を増やし、下痢などを引き起こすこともあります。

● **人間のお菓子** ● クッキーやアイスクリーム、ケーキなどは甘くて口当たりがいいので、与えると喜んで食べます。しかし糖分や脂肪分が多いので、体によくありません。ポテトチップスなどのスナック類も脂肪分、塩分が多いので与えないようにしましょう。

年齢別メニュー

年齢に応じて
メニューを見直して

🐰 成長期の生後6か月までは、食べ放題でOK

　赤ちゃんウサギは生後3週間くらいで、乳離れを始めます。離乳期には柔らかめの牧草と、小さく砕いたペレットを与えます。その後だんだん牧草やペレットをたくさん食べるようになり、生後8週間で完全に離乳します。成長著しいこの時期は、大人の約2倍のカロリーが必要。ペレットも牧草も食べたいだけ与えてOKです。

　牧草はカロリーが高くタンパク質豊富なマメ科のアルファルファと、イネ科のチモシー1番刈りを混ぜて、食べ放題に。「小さいうちから牧草メインで」と考える飼い主さんもいるようですが、この時期に牧草だけしか与えないと栄養失調で成長不足になることも。

🐰 1歳くらいまでは、牧草を増やしていく

　だいたい生後6か月くらいになると、成長がひと段落します。子ウサギの頃と同じように食べさせていると肥満してしまうので、ペレットを徐々に減らしていきます。体重の3～5％の量がめやすです。急に減らさないで、少しずつ減らしていきましょう。

　牧草もマメ科のアルファルファを減らして、低タンパク、低カロリーのチモシーをメインにしていきましょう。また思春期を迎え、自我が出てくるこの時期は、飼い主さんとウサギの信頼関係を築く大切な時期です。果物やドライフードなどのおやつは、しつけに活用しましょう。

🐰 1歳〜5歳くらいまでは牧草メインで

　ウサギは1歳から1歳半くらいで、完全に大人の体になります。牧草はイネ科のチモシーだけにしましょう。個体差はありますが、ペレットの量も体重の3％をめやすにして調整しましょう。

　4歳を過ぎると、人間でいうと40代くらいの中年期に差し掛かります。カルシウムが多いエサを食べていると、結石ができやすくなり、尿石症になることがあるので気をつけましょう。

　また牧草を食べないからといってペレットを多めに与えていると、太りやすくなります。肥満の兆しが見えたら、ペレットを低カロリーなシニア用に変えてもいいでしょう。

🐰 5歳以上のシニア期は肥満に注意

　5歳頃には、ウサギもシニア期を迎えます。新陳代謝が低下し、運動量も減るので、低カロリーのシニア用ペレットに切り替えるといいでしょう。ただし味に保守的なウサギも多いので、健康に問題がなければ、無理に替えなくてもかまいません。

　健康維持のために、サプリメントを使うのもいいでしょう。腸内環境をよくする納豆菌や、免疫力アップのプロポリスなどいろいろなものがあります。とはいえ基本的には、食事で必要な栄養素をきちんと取るようにしましょう。

どんなサプリを使うかは、獣医さんに相談すると安心です。

ラビットプロポリス
免疫力を高めたいときや、日頃の健康管理に役立つ高濃度のプロポリス。

新 うさぎの納豆菌
善玉菌の納豆菌、腸内細菌を活発にするオリゴ糖も配合されている。

食の悩み

食のお悩み解決！Q&A

 ## 小さいころから正しい食生活を

飼い主さんに聞くと「ペレットをあまり食べない」、「牧草が嫌いでまったく食べない」など、さまざまな悩みがあるようです。草食動物のウサギには、牧草とペレットが理想的な食事。小さい頃からならして、正しい食生活を身につけるようにしましょう。また運動量が少ないペットのウサギは太りがちです。食事は量を決めて、牧草6：ペレット3：野菜1のバランスを意識しましょう。

Q1 ペレットばかり食べて、牧草を食べません

A ペレットの量を見直して、牧草のあげ方を工夫する

牧草を食べずに、ペレットしか食べないというウサギもいます。牧草を食べない理由のひとつは、ほかのフードでおなかがいっぱいだから。ペレットやおやつの量を控えたり、牧草の種類を変えると、食べるようになることもよくあります。

また牧草をハサミでカットしたり、木槌で砕いたりすると香りが強くなり、ウサギが興味をもつことも。上から吊り下げるおもちゃの中に入れると、引っ張ったりして遊んでいるうちに、牧草が好きになることもあります。あげ方も工夫してみましょう。また牧草は密閉容器で保存して、鮮度が落ちないようにすることも大事です。

ケージの上などから吊るして使うタイプの牧草入れ。おもちゃとして遊んでいるうちに食べるようになることも。

Q2 ペレットを食べてくれません

A 子ウサギの頃から牧草とペレットにならしておく

ペレットをあまり食べたがらない場合は、野菜や果物などの量を減らし、ペレットに食欲がわくようにしてみましょう。どうしても食べないときは、ペレットの種類を変えてみると、食欲がわくこともあります。

ただしひんぱんに種類を変えると、「もっとおいしいフードが出てくるかもしれない」と思って、変化を求めるようになることも。いったん気に入ったら、同じものを続けてあげるようにしましょう。

Q3 食が細くて、あまり食べていないみたい

A 体重を測って、本当に食べていないかを確認

フードの食べっぷりが悪く、食欲がないように見える……。食べすぎも心配ですが、食べてくれないのも心配です。しかしフードをもらってすぐに食べ始めるウサギばかりではないので、あげた後、しばらくたってから食べたかどうかをチェックしてみるといいでしょう。

食べないからといってすぐに片付けず、ペレットや野菜などを入れた容器はしばらく置いておき、様子をみましょう。牧草やペレットなどの種類を変えると、食いつきがよくなることもあります。

体重を定期的に測って、やせていたら本当に食べていない可能性が高くなります。病気で食欲が落ちているおそれがあるので、獣医さんに相談してみましょう。

Q4 いつもおなかをすかせているようなのですが……

食欲を満たすためには、牧草を増やして

ペレットをフード入れに入れると、すぐに食べてしまい、「へやんぽ」のときもフード置き場をウロウロしている。こんな食いしん坊ウサギには、牧草を多めにあげるようにしてみましょう。6か月までの成長期ならば、食べたいだけ食べても大丈夫ですが、ウサギの体が大人になってくると、だんだん太りやすくなってきます。

最近は牧草を粗く砕いた繊維質の多いペレットもあるので、こういったものを試してみるのもいいでしょう。また野菜や野草、果物などをあげる場合も、量を決めて、少しずつあげるようにしましょう。

Q5 食器を引っくり返して、遊び食べしてしまう

固定式のフード入れにして、マナーよく食べられるように

ネジでケージに取り付けられる固定式の食器なら、ひっくり返す心配がありません。

「もっといっぱい食べたい！」「こんなフードは気に入らないよ」とばかりに、ウサギは食器をひっくり返したり、放り投げることがあります。でもこれは飼い主さんの気を引くための行動。これに応じておかわりをあげたり、好物をあげたりしていると、クセになってしまうことがあります。

まずは食器をひっくり返せない固定式のものにして、遊び食べを始めたら、すぐに片付けてしまいましょう。するとだんだん、食べ散らかさなくなってきます。また食器が食べづらい位置にあるため、気に入らなくてひっくり返すこともあります。食べやすい場所に置いてあるかを、確認してみましょう。

新しいペレットを食べてくれない

ウサギの味覚は保守的なので、少しずつ替えていく

肥満気味なので、ローカロリーのペレットにしたい。そう思って新しいペレットをあげてみたものの、まったく食べずに困ってしまった。そんな飼い主さんの声は、よく聞きます。

ウサギは味覚に関して、とても保守的。一度なれたペレットや牧草から新しいものに変わると、食べなくなってしまうことはけっこう多いのです。

少しずつ新しいペレットを混ぜて、新しい味にならしていきましょう。目安として、1週間に4分の1ずつ新しいペレットを混ぜていきます。そして次の週は2分の1、翌週は4分の3、1か月後くらいに完全に変わるようにしてみましょう。

なお同じペレットでも違うロット（袋）になったときに、食べなくなることがあります。この場合も古いものを食べ切る前に、少しずつ新しいものを混ぜてみましょう。

ココに注意

新鮮な水も、ウサギには欠かせない

「ウサギは水を飲むと死ぬ」という古い俗説がありますが、これはまったくのウソ。特に暑い夏などは、水分が足りないと熱中症を起こすことも。

牧草やペレットなど乾燥したフードが主食のときは、特に給水ボトルにたっぷり水を入れてあげましょう。飲む量は個体差もありますし、日によって同じウサギでも違ってきます。様子を見て、常に水を切らさないようにしておきましょう。

給水ボトルの飲み口が、ウサギにとって快適かをチェック。

column

選ぶときにチェック！
ペレットの成分表示の見方

成分表示がされているペレットを選ぼう

　ペレットは、牧草だけでは補うことができない栄養を摂取するための総合栄養食です。主原料はイネ科のチモシーか、マメ科のアルファルファなどの牧草です。これにタンパク質、脂肪、繊維質、灰分、ビタミン、ミネラルなどがバランスよく含まれています。
　シニア用、長毛種用など、いろいろなタイプがあるので、自分のウサギに適したものを選びましょう。
　ペレットを選ぶときは、きちんと成分表示がされているものを。
　繊維質が多いかどうか（粗繊維20％以上）、カルシウム分が少なく、タンパク質や脂肪が適度に入っているかも表示を確認しましょう。保存料や着色料などの添加物がなるべく入っていないものを選びましょう。

成分表示はここをチェック！

■ 原材料
〈 牧草 〉ティモシー、イタリアンライグラス、バミューダグラス、クレイングラス
〈 穀物 〉小麦ブラン、コーンフラワー、大麦、オーツ麦、脱脂大豆、エンドウたんぱく、小麦粉、米ぬか
〈 ハーブ 〉アルファルファミール、ランスロット、クワ葉、ビワ葉、オレガノ精油、かぼちゃ種子、オオバコ、スイカズラ、ベニバナ、ひまわり種子、アマニ、ゴマ
〈 その他 〉パーム油、ビール酵母、食塩、納豆菌、各種ビタミン・ミネラル

■ 成分
粗たんぱく 13.5〜16.5％、粗脂肪 3.0〜4.0％、粗繊維 17.5〜21.0％、粗灰分 6.0〜7.5％、水分 3.0〜4.5％、カルシウム0.5〜0.6％

上記成分の他に、
ビタミン（A・B1・B2・B6・B12・D・E）、ビオチン、葉酸、ニコチン酸、パントテン酸、亜鉛、銅、ヨウ酸、コリン、メチオニン、イノシトール、βカロチン、マンガン、鉄、コバルトが含まれています。

タンパク質
- 大人のウサギ ……… 12〜15％
- 子ウサギ ………… 16〜18％
- 妊娠期、授乳期……… 15〜20％

ウサギに必要不可欠な栄養素。成長期にはやや多めに含まれるものを。シニアは内臓負担を減らすために、13％以下にするといいでしょう。

脂肪
- 大人のウサギ ……… 2〜4％
- 子ウサギ（6カ月以上）… 3〜6％

3％前後が目安。成長期はやや多めのものを。

粗繊維
- 大人のウサギ ……… 16〜25％

繊維は20％前後が目安。成長期や妊娠期には14％、授乳期には12％とやや繊維質を控えめにして、タンパク質の割合を高めるといいでしょう。

カルシウム
- 大人のウサギ ……… 0.5％

ミネラルの中でもウサギに最も必要なのがカルシウム。ペレットの原材料のアルファルファには1.4％含まれています。とりすぎが気になる場合は、チモシーが主原料のペレットに。

ビタミン
- A、D、Eが含まれている

ビタミンはA、D、Eが特に必要です。開封してから時間がたってしまったり、製造年月から1年以上過ぎてしまっていたりすると、ビタミンが劣化してしまうこともあるので注意。

Part
7

ウサギの病気予防

ウサギの健康を守る 3つのポイント

ウサギは、自分から不調を訴えることができません。そのため、毎日の健康観察が大切です。元気で長生きを目指して、ウサギの健康管理をしてあげましょう。

point 1
「快適な住環境」と「適切な食事」が基本です

ウサギの寿命は6〜8歳といわれますが、それを超える長寿ウサギも増えてきています。大きな理由として、「正しいウサギの飼い方が普及してきた」ことがあります。屋外のウサギ小屋から室内のケージへ、また牧草を主食とすることが浸透し、栄養バランスがとれたペレットが開発されるなど、ウサギの飼育環境は格段に進化しています。正しい飼い方をすることで、ウサギは長く元気に過ごすことができます。

point 2
日々の健康チェックで病気のサインを見逃さない

ウサギなどの草食動物は、具合が悪いのをかくそうとする傾向があります。病気やケガを早期に発見するには、飼い主さんの健康チェックが欠かせません。体の各部位をチェック（55ページ参照）するほか、食欲や排泄物の状態なども確認しましょう。ブラッシングやグルーミングで体にふれるときに、いつもと違うところがあったら気をつけて。異変があったら、必要に応じて動物病院に連れていきましょう。

point 3
信頼できる主治医を探しておきましょう

ウサギを診られる獣医さんは増えてきていますが、犬・猫に比べるとまだそれほど多くはありません。いざというときに備えて、ウサギを飼い始めたらなるべく早く、頼りになる主治医を探しておきましょう。

病気の早期発見には、日々の健康チェックに加えて、動物病院での健康診断が役立ちます。5歳くらいまでは年に1回、5歳を超えたシニアウサギは年に2回を目安に、健康診断をおすすめします。

日々の健康管理をしっかりと

「健康手帳」を活用しよう

体調をくずしたときは、獣医さんに普段の様子、いつ頃から異変があったかなどを正確に伝えることが肝心です。巻末（221〜222ページ）の健康手帳をコピーして、定期的に様子を記録しておきましょう。必要に応じて体の状態や排泄物の写真を撮っておくのも参考になることがあります。

健康チェックのポイント

- ☐ 表情はイキイキしている？呼びかけると反応する？
- ☐ 食欲があり、きちんとフードを食べている？
- ☐ 飲み水は適切に減っている？
- ☐ 体重が急に増減していない？
- ☐ 便の大きさや量、硬さは正常？
- ☐ 尿の色や量は正常？
- ☐ 体重が急に増えたり、減ったりしていない？

Part 7 ウサギの病気予防 健康管理の基本

ウサギの病気

ウサギに多い
病気の予防と対処

🐰 年齢、品種などでかかりやすい病気がある

　同じ飼い方をしていても、ウサギの体力や免疫力には個体差があり、加齢による変化もあります。また、長毛種だと毛球症にかかりやすいなど、身体的な特徴も病気と関連があります。ウサギの個別の特徴をつかみ、病気を予防し、不調に適切に対処しましょう。

長毛種は特に毛球症に気をつけて。

特に多く見られる 病 気

胃腸うっ滞 ➡ 185ページ
消化器官の動きが悪くなったり、停滞する病気。食事の偏りが主な原因に。

毛球症 ➡ 185ページ
長毛種のウサギがかかりやすい。こまめなブラッシングが、予防に役立つ。

ソアホック ➡ 186ページ
足裏に肉球がないため、衝撃を受けやすく、皮膚炎を起こしやすい。適切な床材で予防を。

湿性皮膚炎 ➡ 187ページ
ウサギの皮膚はデリケート。湿りがちな部位は、特に皮膚炎になりやすいので気をつけて。

不正咬合 ➡ 188ページ
歯がうまく削れず、異常な伸び方をしてしまう。やわらかいフードばかり食べていたり、加齢によりなりやすい。

子宮の病気 ➡ 190ページ
避妊手術をしていないメスは、子宮内膜炎や子宮がんなどになることも。

消化器の病気

傷んだフードを食べたり、ストレスを受けたりすると、胃腸の病気にかかりやすくなります。特に食欲が極端になくなっていたり、下痢をしたりしているときは、要注意。子ウサギの場合、下痢が続くと消耗が激しいので早めに病院へ。

胃腸うっ滞（いちょううったい）

原因と症状

消化器官の動きが悪くなり、停滞する病気です。不正咬合による食欲減退、環境の変化や過干渉によるストレス、運動不足、牧草などの繊維質の不足、でんぷん質のとり過ぎなどが原因と考えられます。食欲がなくなり、うずくまるような動作をしたり、胃や腸にガスがたまりおなかがふくらむことがあります。便が小さい、少ない、粘液便が出るなどの症状がみられたら早めに受診しましょう。

治療と予防

病院では、おなかにたまったガスを排出させやすくする薬を使います。日頃から牧草などの繊維質が多いフードを与えるなどして予防しましょう。

毛球症（もうきゅうしょう）

原因と症状

ウサギは毛づくろいをするときに毛を飲み込むことがありますが、通常は便と一緒に排出されます。しかし何かの原因で消化機能が低下すると、胃に毛がたまって毛球が形成され、腸に詰まることがあります。食欲の低下、便が小さい、便が少ない、毛で数珠つなぎになった便が出るなどの症状がみられます。

治療と予防

病院では消化器の活動を促す薬を使います。重症だと手術することもあります。予防にはこまめなブラッシングが欠かせません。特に換毛期や、長毛種は毛球ができやすいのできちんとケアしましょう。牧草など繊維質の多いフードと新鮮な水をたっぷり飲めるようにして、毛球ができないよう予防することも大切です。

コクシジウム症（こくしじうむしょう）

原因と症状

コクシジウム原虫の感染によって起こる病気です。肝臓に寄生するものと、腸に寄生するものがあります。子ウサギが感染すると、衰弱したり、発育不良に陥り、命に関わることも。激しい下痢を起こしていたら、要注意です。

治療と予防

コクシジウムには、健康なウサギでもかなり感染しています。体力があれば発病しないことが多いです。食事や運動に気をつけて、体力を保ちましょう。病院では薬で治療をします。

適切なブラッシングが毛球症の予防に効果的。

皮膚の病気

ウサギの皮膚は湿気に弱く、表皮が薄いため、皮膚炎にかかりやすいです。適切にブラッシングなどを行い、皮膚を清潔に保ちましょう。特に梅雨時から夏にかけては、湿度の管理をしっかりと。

ソアホック（足裏の皮膚炎）

原因と症状

ウサギの足裏には肉球がなく、厚い被毛が皮膚を保護しています。しかし足の裏に衝撃や重力がかかることで、ソアホックが起こります。体重が重い、爪が伸びすぎていることも原因になります。また老齢になると筋力が落ち、かかとに体重が多くかかることでソアホックになる例が増えてきます。

最初は小さな脱毛から始まりますが、進行すると傷口から細菌感染し、炎症を起こし、化膿します。痛みのために落ち着かなくなったり、足を引きずって歩くことも。

治療と予防

病院では患部を消毒し、膿があれば取り除き、抗生剤などの投与で治療します。予防には、金網やプラスチックのすのこなどの足裏にやさしい床材を使うのが効果的。掃除をきちんとして、清潔に保ちましょう。肥満しているとソアホックを起こしやすいので、体重管理もしっかりと。

カビ

原因と症状

皮膚に感染するカビ（真菌）によって起こる皮膚炎を、皮膚糸状菌症といいます。頭や耳、顔、首、背中、前足などに脱毛が起きて、皮膚がカサカサして円形に脱毛したり、フケが出ます。悪化すると全身に症状が広がることも。

治療と予防

病院では抗真菌剤を投与したり、患部に塗って治療します。不衛生な飼育環境が原因になるので、ケージの掃除はこまめに。同居ウサギがいる場合は隔離します。

感染しても健康状態がいいと症状が出ないので、食事や飼育環境に気をつけましょう。人間にもうつることがあるので、ウサギとふれあった後は必ず手を洗う習慣をつけましょう。

床材は金属やプラスチックのすのこなど、足の裏に刺激が少ないものを選びましょう。

カビやダニを防ぐには、他のウサギとの不要な接触を避けることも重要です。

ダニ

原因と症状

ダニに寄生されることで皮膚炎などが起こります。「ウサギツメダニ」は頭から背中、おしりに寄生し、かゆみやフケ、脱毛、毛の変色などがみられます。人間も刺しますが、ツメダニは人の皮膚の上では繁殖できず、一過性の症状を引き起こしたのち消滅します。「ウサギズツキダニ」は背中の毛に寄生し、肉眼で確認できます。無症状ですが大量に寄生されると不快感から毛をむしり薄毛になります。「ウサギキュウセンヒダニ」(耳ダニ)は耳に寄生します。進行すると茶褐色の耳あかが耳をふさぎ、激しいかゆみのために耳を振ったり引っかいたりします。

治療と予防

滴下式駆虫薬か注射でダニを殺す処置をします。感染しているウサギからうつることが多いので不要な接触を避けることが予防につながります。野外によく出るのならあらかじめ滴下式駆虫薬で予防するといいでしょう。市販の動物用駆虫薬はウサギに合わないものもあるので必ず動物病院で処方してもらいましょう。

湿性皮膚炎

原因と症状

あごの下やのど、肉垂(のどの下の肉のたるみ)、背中のしわ、生殖器などの湿りやすい場所に発症する皮膚炎です。脱毛したり、赤くなったりします。ひどくなるとただれて、潰瘍になることも。湿りがちな部位が、ブドウ球菌や緑膿菌などに感染することで起こります。不正咬合でよだれが垂れていたり、水に濡れたり、床材が湿っていたりすると起こりやすくなります。

治療と予防

皮膚炎になった部位を洗浄、消毒、乾燥させて、抗生物質などを塗ります。不正咬合で口のまわりが唾液で湿るなど、皮膚が湿る原因となっている病気の治療も、同時に行います。ケージを清潔に保ち、風通しのいい場所に置いて湿気がこもらないようにすることで予防できます。水入れはボトルタイプにして、体に水がつかないように気をつけましょう。

ボトルタイプの水入れにすると、体をぬらすことがなくて安心です。

口・歯の病気

ウサギの歯は一生伸び続け、上下の歯がかみ合うことで、長さを保ちます。ケージをかじるクセや、やわらかいものばかり食べて歯を使わないと、かみ合わせが不正になることがあります。

不正咬合（ふせいこうごう）

原因と症状

食べ物が上手に食べられなくなったり、よだれを垂らしたりするようになります。激しい歯ぎしりをしたり、息がくさくなったりすることも。ケージをかじる、歯を折る、細菌感染、老化などにより、上下の歯のかみ合わせが悪くなって起こります。先天的な歯の異常が原因のことも。ロップイヤー種など丸顔のウサギの発生率が高めです。

治療と予防

病院で定期的に、伸び過ぎた歯を削り、正常な長さや角度に調整してもらいます。予防には、牧草や繊維質の多い野菜を食べさせるのが効果的。ケージをかじる場合は内側に木の柵をつけて、金属をかじるのを防ぎます。また日頃から歯のチェックをして、異常があったらすぐに病院へ連れて行きましょう。

目の病気

ケージの中が不衛生だと、細菌が繁殖して目の病気になりやすくなります。尿のアンモニアや、牧草の粉塵などは目を刺激します。清潔な住空間を保ってあげて。目ヤニや涙が多いときは、病院へ連れて行きましょう。

結膜炎（けつまくえん）

原因と症状

目ヤニや涙が出る、まぶたが腫れる、まぶたの裏側が充血する、目のまわりをかゆがるなどの症状が見られます。牧草の細かい粉塵やほこりが目に入ったり、細菌に感染したりすることで起こります。奥歯の不正咬合が原因のことも。

治療と予防

点眼薬や軟膏などで治療します。予防には、トイレの掃除をこまめに行い、くずの多い牧草やウッドチップ、針葉樹のウッドチップは使わないようにしましょう。目に違和感があるとこすり、悪化させてしまうので注意が必要です。

鼻涙管閉塞（びるいかんへいそく）

原因と症状

鼻涙管が細菌感染などによって炎症を起こして詰まると、涙目になったり、目ヤニが多くなったりします。粘り気のある白っぽい目ヤニが出たり、結膜炎を起こすことも。目の下がいつも濡れて、涙やけを起こしたり、脱毛したりします。

治療と予防

閉塞を治すために、病院では鼻涙管洗浄を行います。細菌感染がある場合は、抗生物質を投与します。パスツレラ菌や黄色ブドウ球菌などが原因菌になりますが、不正咬合が原因のことも。歯が伸びてかみ合わせが悪くならないように、気をつけて。

呼吸器の病気

呼吸器の病気は、細菌感染によって起こります。ときには複数の病原体が複合感染し、症状が複雑になることも。くしゃみや鼻水などの症状が見られるときは、「風邪でもひいたのだろう」と軽く考えず、病院へ連れて行きましょう。

スナッフル
すなっふる

原因と症状
室内で飼われることが増えたため、スナッフルにかかるウサギは以前より減っています。くしゃみや鼻水が出るなど、最初は風邪のひき始めのような症状が見られます。しかし病状が進行していくと、だんだん粘り気のある濃い鼻汁が出るようになり、呼吸をするたびにズーズー、グシュグシュなどの異常な音を出すようになります。パスツレラ菌、黄色ブドウ球菌などの細菌感染によって、起こります。

治療と予防
放っておくと重症になり、体力を消耗します。異常が見られたら、すぐに病院へ。抗生剤の投与などで治療します。多頭飼いしている場合は、感染したウサギを隔離しましょう。

肺炎
はいえん

原因と症状
さまざまな細菌によって起こる急性の感染症です。がんや心臓病など、ほかの病気の悪化が原因で起こることも。発熱、食欲低下、呼吸困難などが主な症状です。突然死してから、感染がわかるケースもあります。肺炎にかかると、麻酔がかけられなくなるので、ほかの病気の治療ができなくなることもあります。

治療と予防
重症になると治療が難しくなるので、熱が出たり、食欲がなくなったりしたら、すぐに動物病院へ連れて行きましょう。抗生剤の注射などで、治療します。予防には、温湿度の管理や室内の換気などをしっかりと。ウサギにストレスを与えないことも大切です。

パスツレラ症
ぱすつれらしょう

原因と症状
パスツレラ菌（パスツレラマルトシダ）に感染することでかかります。菌に感染していても、症状が出ないウサギもいますが、ストレスなどで免疫力が低下すると発症します。主な症状はスナッフル（鼻水やくしゃみ、せき）、肺炎、皮膚炎、結膜炎、斜頸などです。感染したウサギに接触したり、せきやくしゃみから飛沫感染します。

治療と予防
治療には抗生剤を使います。一度かかると完治は難しいので、予防を徹底しましょう。気温や湿度の急激な変化を避け、ケージの中を清潔に保ちましょう。また複数飼育の場合は、感染したウサギをすぐに隔離して。

細菌感染が疑われる場合は、ほかのウサギを近づけないようにしましょう。

泌尿器・生殖器の病気

尿の色や量に変化があったら、泌尿器の病気にかかっているかもしれません。日頃からチェックしましょう。また避妊手術をしていないメスは、加齢とともに子宮の病気にかかりやすくなります。

尿石症（にょうせきしょう）

原因と症状

大人のウサギは、黄色、オレンジ、赤褐色などさまざまな色の尿をします。ただし血尿が出たり、変なにおいがしたり、回数が多くなったり、出が悪いようだったら、病気の可能性があります。

尿路（腎臓、尿管、膀胱、尿道）に結石ができると、尿が出にくくなる、血尿、食欲不振などの症状が見られます。重症の場合、痛みのために体を丸くしてうずくまることも。水分不足やカルシウムのとりすぎなどが、結石の原因になります。

治療と予防

結石が小さい場合は内科治療をしますが、大きくなると手術が必要になります。カルシウム（粗灰分）の多いフードを控え、いつでもたっぷりと水が飲めるようにしてあげましょう。またアルファルファなどマメ科の牧草はカルシウム分が多いので、イネ科のチモシーなどをメインに与えましょう。

子宮の病気（しきゅうのびょうき）

原因と症状

メスは3歳以降になると、子宮内膜炎や子宮がんなどにかかりやすくなります。子宮がんは8歳くらいからのメスに多く見られます。陰部から出血がある場合は、要注意。すぐに病院へ連れて行きましょう。ただしがんの場合は、ある程度進行してから症状が出ることも多いので、発見が遅れることもあります。

治療と予防

手術で卵巣や子宮を摘出して、治療します。早期発見が肝心なので、病院で健康診断を定期的に受診しましょう。また妊娠・出産の予定がなければ、生後5か月を過ぎてから3歳くらいまでの間に、避妊手術をしてリスクを減らす方法もあります。

乳腺がん（にゅうせんがん）

原因と症状

ホルモンの異常や遺伝が原因で起こります。乳腺にしこりができて、進行すると患部がただれて出血することもあります。肺やリンパ節へ転移しやすいのですが、末期になるまで、気づかないこともあります。

治療と予防

手術でがんになった部分を取り除きます。同時に化学療法を行うこともあります。早期発見が大事なので、日々の健康チェックで、乳腺の周辺にしこりがないかを確認しましょう。

牧草はイネ科のチモシーをメインにあげましょう。

神経の病気・ケガ

ウサギの骨はとても軽く、ちょっとした衝撃で骨折や脱臼することがあります。特に後ろ足の骨折が多く見られます。日頃から高いところから落ちたりしないように、十分気をつけてあげて。また首が傾いてしまう斜頸もウサギに多い神経系の病気です。

骨折（こっせつ）

原因と症状
抱っこしようとして誤って落としてしまった、床にいるウサギを踏んでしまった、すのこにはさまり暴れたなどの事故から起こることがほとんどです。腰椎（背骨の腰部分）を骨折すると、一時的にショック状態になってしまうことも。

治療と予防
日頃からウサギの安全に、気を配りましょう。ウサギを無理に抱っこしようとすると、暴れてケガをすることも。骨折してしまったら、すぐに獣医さんに診てもらいましょう。治療としては折れた骨を固定して、治るまで安静にします。ひどい場合は手術が必要です。

顔面麻痺（がんめんまひ）

原因と症状
中耳炎や内耳炎、歯根膿瘍、頭部をぶつけたことなどにより顔面神経が傷つき、麻痺が起きることがあります。耳が垂れる、まぶたが閉じない、唇が下がるなどの症状が現れ、顔が左右非対称になります。ストレスが原因のこともあります。

治療と予防
原因となっている病気の治療を、まずは行います。合わせて顔や耳のマッサージをしてあげるとよいでしょう。食べ物の咀嚼や飲み込みがうまくできないこともあります。食べやすいものを与えるなど工夫してあげましょう。

斜頸（しゃけい）

原因と症状
首が片側に傾いたまま戻らなくなります。重症になると目が左右に振れて姿勢を保てなくなり、その場でグルグル回ることも。パスツレラ菌に感染して内耳炎、中耳炎を起こし平衡器官に問題が起きたり、首を支える筋肉や骨を傷めることで発生します。中枢神経に障害を起こすエンセファリトゾーン症の場合にも、同様の症状が出ることがあります。

治療と予防
抗生剤やビタミン剤、原因によってはステロイドを投与します。一度かかると完治は難しい場合もあります。スナッフルが原因となることもあるので、症状が見られたら、早めに治療を。姿勢を保とうとグルグル回る時は、骨折を防ぐためおさえこまず力を逃がすように扱います。

脱臼（だっきゅう）

原因と症状
股関節、膝蓋骨（ひざ）、肘関節（ひじ）などが脱臼しやすい箇所です。軽症だとほとんど症状が出ないこともあります。寝たきりなどで同じ姿勢が続くと脱臼し固定してしまうことも。

治療と予防
痛そうにしていなくても、整復が必要な場合があります。脱臼のおそれがあったら、病院へ連れて行きましょう。普段からウサギの扱い方に気をつけて。

その他の病気

加齢とともに、肥満になるウサギは多いもの。太りすぎは、体にさまざまな悪影響を及ぼします。またウサギの体に、しこりができることもあります。日々の健康チェックで早期発見を。

膿瘍（のうよう）

原因と症状

細菌が小さな傷から皮下に侵入し、しこり（膿が固まったもの）ができます。皮膚だけでなく、関節、骨、肺、歯根、眼球の後部などあらゆる場所に、年齢を問わずにできます。時間がたつと皮膚が腐って破けてしまうこともあるため、早めの治療が肝心です。

治療と予防

切開手術などで、膿を出します。その後消毒薬で洗浄して、抗生剤を投与します。ほかに病気があると免疫力が低下して、膿瘍ができやすくなります。日々の健康チェックでしこりがあったら、すぐに病院へ行くようにしましょう。

熱中症（ねっちゅうしょう）

原因と症状

ウサギは高温が苦手です。ある程度までは耳から体温を放散してしのぎますが、長時間温度の高いところにいると、体温が上昇して、呼吸が荒くなり、ぐったりしてきます。よだれを垂らしたり、赤い尿が出たりすることも。放っておくと命に関わるので、素早い対処が必要です。

治療と予防

ウサギがぐったりしていたら、すぐに涼しい場所に移して、冷たいタオルなどで体を冷やしましょう。そして急いで病院へ連れて行きましょう。普段からエアコンなどを使い、室温の管理はしっかりと。夏でも28℃以下を保つようにしましょう。飼い主さんが長時間不在のときは、特に注意が必要です。

毛玉の多い長毛種のウサギは体に熱がこもりやすいので、ブラッシングをこまめにして抜け毛を取りましょう。

長毛種のウサギは抜け毛をこまめに取ることで、通気性がよくなり熱中症が予防できます。

ブラッシングのついでに体をさわり、しこりがないかをチェックしましょう。

肥満(ひまん)

一日一回はケージから出して、思う存分、運動させてあげましょう。

原因と症状

ペットのウサギは、どうしても運動不足になりがちです。またおやつのあげすぎなども、肥満の原因に。肥満は、心臓病や糖尿病、不妊、難産などの病気やトラブルのもとになります。また足に体重がかかり負担が増えるため、足裏の皮膚病(ソアホック)にもなりやすくなります。

治療と予防

適度な運動、栄養バランスのとれた食生活を心がけることで、肥満を予防できます。また体重を定期的に測り、太ってきたなと思ったら、ペレットの量を調節しましょう。1度太ってしまうと、ダイエットはなかなか難しいので、注意しましょう。

ウサギから人間にうつる病気

かまれたり、接触することでうつる

動物と人の間で感染する病気を、"人獣共通感染症"といいます。皮膚糸状菌症、パスツレラ症、サルモネラ症、トキソプラズマ症などが、ウサギから人間にうつる可能性のある病気です。またダニやノミなどの寄生虫がうつることもあります。

遊んだら手を洗い、キスなどはしない

まずはウサギが病気にかからないように、気をつけることが大事です。また気づかないうちに病原菌に感染していることもあります。ウサギと遊んだら必ず手を洗いましょう。唾液からうつる病気もあるので、キスする、口うつしで物を食べさせることはやめましょう。

ウサギと暮らし始める前に、アレルギー検査をしておくと安心

ウサギを飼い始めてから、くしゃみ、体や目のかゆみなどの症状が見られたら、ウサギが原因のアレルギーかもしれません。ウサギの毛、フケ、唾液、尿のほか、牧草がアレルゲンということもあります。

アトピー性皮膚炎や花粉症などがある人は、アレルギー症状が出やすいので要注意です。できればウサギと暮らす前にアレルギー検査をしておくと安心です。

応急手当と看病

ウサギの不調には あわてず対処

症状をよく見極めて対応を

ケージの外で遊ばせているときに、ちょっとした不注意からケガなどをしてしまうことがあります。そんなときはすぐに病院へ連れて行きましょう。ただし夜間など病院の休診時間中にケガをしたときは、とりあえず応急処置をして、翌日なるべく早く病院へ連れて行きましょう。

「高いところから落ちて骨折した」。「やけどや中毒を起こしてしまった」。こうしたトラブルは、日頃から飼育環境を整えておくことで、避けられます。ウサギを遊ばせる部屋の安全は、特に注意して確認しておきましょう（97ページ参照）。素人判断の処置は症状を悪化させてしまうこともあるので、気をつけて。

骨折などのトラブルを防ぐため、移動のときは落とさないようきちんと抱っこして。

高いところから落ちた

→ 骨折や脱臼のおそれがあるので、動きを制限して病院へ

抱っこしようとしたら逃げて、床に落ちてしまった。柵やすのこのすきまにはさまり、パニックを起こして暴れた。そんなときにうずくまって動かなくなっていたら、骨折や脱臼している可能性があります。様子を見て、動かないままだったり、動き方が変だったりしたら、すぐに病院へ連れて行きましょう。症状が悪化しないように、キャリーや小さな段ボール箱にバスタオルなどを入れ、ウサギの動きを制限して、病院に行きましょう。

電気コードをかじった

→ コードをすぐに抜き、体の状態をチェック

ウサギにはものをかじる習性があり、電気コードをかじってしまうことがあります。感電の危険があるので、まずは電気コードをコンセントから抜いて、意識の有無を確認します。平気なように見えても、口の中をやけどしていることもあるので、獣医さんの診察を受けましょう。

中毒を起こしたかもしれない

→ 心当たりのあるものを持って、病院へ

ウサギが食べると中毒を起こす植物や食べ物があります（170・171ページ参照）。ケージの外で遊んでいるときに、いつの間にか口にして、具合が悪くなることもあります。ウサギは嘔吐することができません。中毒のおそれがあれば、心当たりのあるものを持って、すぐに病院へ。

暑い日にグッタリしてしまった

→ 熱中症のおそれがあるので、すぐに体を冷やす

夏は暑さで具合が悪くなることがあります。室温をエアコンなどで調整しましょう。グッタリしていたら、すぐに涼しい場所へ移動して、冷たいタオルで体を冷やしましょう。そして、急いで病院へ。長毛種は毛玉を放置するとフェルト状になり、熱がこもりやすいので注意しましょう。

やけどをした

→ すぐに冷やし、念のため病院での診察を

熱いお湯がかかったり、ストーブに近づいたりして、やけどをすることがあります。また長時間ペットヒーターの上にいて、低温やけどをすることも。被毛で覆われているためわかりにくいのですが、地肌が赤くなったり、水ぶくれができたりしていないかを確認しましょう。その後すぐに冷やして、病院で診察を受けて。

看病するときは静かな環境で

病院で診察や治療を受けた後は、家で看病しましょう。必要な世話をしながら、様子に変化がないか、見守ってあげることが大切です。体調が悪いときは、特に温度や湿度の変化が体にこたえます。朝晩の寒暖の差などがないように、室温管理は特にしっかりしましょう。

症状によっては、薬を飲ませたり、塗ったりする必要があります。獣医さんの指示に従って、きちんと与えましょう。固形や粉末の薬は、好物の果物などにはさんだり混ぜたりしてあげると、うまく飲ませることができます。

point
食欲がないときは、食べやすくする工夫を

ウサギは常に消化器官を動かしておく必要があります。食欲がないときも、少しずつも口から食べ物を入れてあげましょう。ペレットや牧草が食べられなくても、野草や野菜などをあげると食欲が増すことがあります。水分が多いものだと、水分補給にもなります。タンポポやニンジンの葉は好んで食べるウサギが多いので、食欲増進に効果的です。

与えるときは、食べやすいように小さく刻んで与えましょう。ペレットも細かく砕いて与えてみましょう。

ココに注意
病院へ連れて行くときの注意点

温度の変化に気をつけてキャリーで移動

体調が悪いときは、ちょっとした温度の変化で容態が急変することもあります。冬は暖かく、夏は涼しくなるように、夏はキャリーの中に保冷剤、冬はカイロなどをキャリーに貼り付けるといいでしょう。また移動は最短のルートを選んで、バスや電車を利用する際はラッシュアワーは避けましょう。

いつもお世話している飼い主さんが病状を説明

ウサギが急に体調をくずしたり、ケガをすると飼い主さんも動揺してしまいがち。どういった症状がいつから起きているのか、普段お世話をしている飼い主さんから、獣医さんに落ち着いて説明しましょう。

マッサージのしかた
マッサージで体と心をいやしてあげよう

🐰 ウサギとのふれあいタイムを楽しんで

疲れたときにマッサージを受けると、血行がよくなり、リフレッシュできます。ツボを意識したマッサージは、疲れをとるだけでなく、病気の症状緩和や予防にも効果があります。

このツボは人間特有のものではなく、動物にもあります。ツボを意識したマッサージは、ウサギの病気予防やストレス解消に役立ちます。

マッサージのほかにお灸や鍼などは、代替療法として医学の現場でも取り入れられています。ただしおうちで行う場合は治療としてではなく、ウサギがリラックスして、飼い主さんとの交流を楽しむために取り入れましょう。ウサギによっては、嫌がることがあるかもしれません。そんなときは無理強いせずに、自分のウサギが気に入るものにチャレンジしてみてください。

マッサージはウサギも人もリラックスして行うことが大切です。

マッサージって、気持ちいい〜♪

check! マッサージするときの心得

1 飼い主さんがリラックスする
飼い主さんが緊張していると、効果が上がりません。深呼吸してリラックスしてからスタート。

2 様子を見ながら、無理せずに
マッサージするタイミングは、ウサギがリラックスしているとき。嫌がるときは、無理やりしないようにしましょう。

3 1日1回数分程度が目安
あまり長時間行うとウサギが疲れてしまいます。1日1回、数分程度、健康チェックのついでなどに行うのがおすすめ。

マッサージするよ〜！ イヤー！ ウサギが嫌がるときは無理にやらない

1日1回 Few minutes

マッサージにトライ

 手を温めてから、ウサギをリラックスさせる

　マッサージを始める前に、飼い主さんの手を温めておきましょう。下のイラストのような体操を3回ほど繰り返すと、手が少しずつ温まります。手が温かくなったら、ウサギを座らせて、頭からしっぽのつけ根まで、ゆっくりなでてあげましょう。

まずは手を温める
手のひらを上に向けて手を伸ばし、息を吸いながら両手を握って曲げ、そのあと息を吐きながら一気に手を前に伸ばします。伸ばしたときは、手のひらは下に向けるようにします。この動きを3回ほど繰り返すと、手が温まってきます。

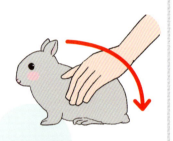

9回を目安になでる
手が温まったら、ウサギをリラックスさせましょう。頭からしっぽの付け根まで、ゆっくり9回くらいなでてみましょう。

 基本のマッサージを行う

　指の使い方は「指針(ししん)」という形が基本。皮膚面に針のように垂直に指を当てます。爪は短くしておきます。
　リラックスした気分でウサギと向かい合って座り、まずは親指を眉間に置き頭頂部へ。次にまぶた、耳の内側をゆっくりと皮膚を伸ばすようになでます。続いて頭から背中、しっぽの付け根に向かって、親指と人差し指を背骨の両側に当てて、ゆっくり指をすべらせながら押していきます。これを6回ほど繰り返します。

指の使い方

指を垂直に皮膚に当てます。
爪は短く切っておきましょう。

基本マッサージ

指をすべらせて、あまり力を入れすぎないようにマッサージしましょう。

ウサギの体の主なツボ

● ……手前
○ ……向こう側

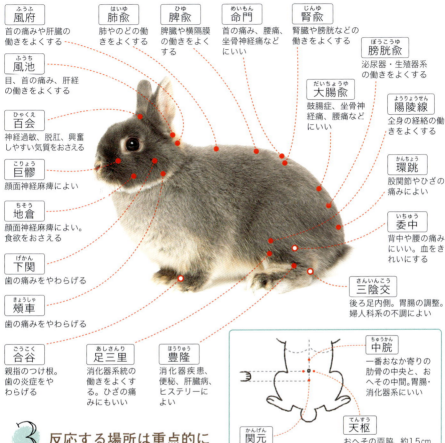

風府（ふうふ）
首の痛みや肝臓の働きをよくする

風池（ふうち）
目、首の痛み、肝経の働きをよくする

百会（ひゃくえ）
神経過敏、脱肛、興奮しやすい気質をおさえる

巨髎（こりょう）
顔面神経麻痺によい

地倉（ちそう）
顔面神経麻痺によい。食欲をおさえる

下関（げかん）
歯の痛みをやわらげる

頬車（きょうしゃ）
歯の痛みをやわらげる

合谷（ごうこく）
親指のつけ根。歯の炎症をやわらげる

足三里（あしさんり）
消化器系統の働きをよくする。ひざの痛みにもいい

豊隆（ほうりゅう）
消化器疾患、便秘、肝臓病、ヒステリーによい

肺兪（はいゆ）
肺やのどの働きをよくする

脾兪（ひゆ）
脾臓や横隔膜の働きをよくする

命門（めいもん）
首の痛み、腰痛、坐骨神経痛などにいい

腎兪（じんゆ）
腎臓や膀胱などの働きをよくする

膀胱兪（ぼうこうゆ）
泌尿器・生殖器系の働きをよくする

大腸兪（だいちょうゆ）
鼓腸症、坐骨神経痛、腰痛などにいい

陽陵線（ようりょうせん）
全身の経絡の働きをよくする

環跳（かんちょう）
股関節やひざの痛みによい

委中（いちゅう）
背中や腰の痛みにいい。血をきれいにする

三陰交（さんいんこう）
後ろ足内側。胃腸の調整。婦人科系の不調によい

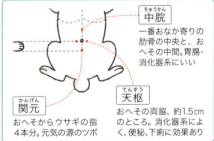

中脘（ちゅうかん）
一番おなか寄りの肋骨の中央と、おへその中間。胃腸・消化器系にいい

関元（かんげん）
おへそからウサギの指4本分。元気の源のツボ

天枢（てんすう）
おへその両脇、約1.5cmのところ。消化器系によく、便秘、下痢に効果あり

Part 7 ウサギの病気予防　マッサージのしかた

 反応する場所は重点的に

　基本マッサージのときにウサギが反応する場所があったら、人差し指を当てたまま円を描くようにマッサージします。2〜3秒押さえてからパッと放す「圧迫と解放」を行います。
　おなか側のツボを押すときは、座っているウサギの下に手を入れてやさしく刺激。嫌がるときは、中止します。なお斜頸や胃腸うっ滞などのウサギに多い病気に効くツボを右に挙げました。様子を見ながら、刺激しましょう。

症状別・不調に効くツボ

斜頸 ➡ 風池・風府
後頭部や耳介をやさしくマッサージ。

胃腸うっ滞・毛球症 ➡ 中脘・関元・天枢・豊隆
おなかを時計まわりにマッサージするとよい。

アンチエイジング ➡ 命門・腎兪・関元
元気の出るツボ。高齢のウサギによい。背中にそってなでる。

顔面神経麻痺 ➡ 下関・頬車・地倉・巨髎
小さな円を描くように指の腹でなでる。

🐰 あずきカイロなどの温めグッズでリラックス

飼い主さんのマッサージに加えて、「あずきカイロ」での温熱療法は高いリラックス効果があります。市販の製品もありますが、自分で作ることもできます。手ぬぐいや大きめのハンカチを袋状にして、中にあずきを入れるだけなのでとても簡単です。

あずきはほかの豆類に比べて水分が多く、電子レンジで温めると水蒸気が出ます。そしてこの蒸気熱が、体の深くまで届きます。ウサギの背中に乗せてあげると、じんわりと温まり、心地よさそうな表情になります。なお乗せるときは、飼い主さんが熱さを確認してからにしましょう。

手作りする場合、袋の中にラベンダー、レモングラス、ローズマリーなどのハーブを加えてもいいでしょう。アロマオイルは刺激が強いので、ハーブティーになっているものを使うのがおすすめです。

あずきカイロの作り方

【材料】
- あずき　150g
- 手ぬぐいなど　20cm×20cm
（木綿など燃えにくい布がよい）

❶ 布を2つ折りにして、袋状にして縫う。

（表／裏　あずきを入れるためあけておく）

❷ 袋を裏返して、あずきを詰めて、口を縫いとじれば完成。

【使い方】
電子レンジで温めて、温度を確認してからウサギに乗せる。
★500Wで40秒、600Wで30秒くらいが目安

ココに注意

- 温めすぎるとウサギがやけどしてしまうので、必ず温度を確認してからウサギに乗せましょう。
- 連続して加熱すると、あずきの水分が極端に減少して異常に熱くなることがあります。加熱した後は、4時間以上空けて再使用しましょう。

オススメグッズ：ローラー鍼でのコロコロマッサージもおすすめ

ローラー鍼は人間の子どもにも使える、ソフトにツボ刺激ができる用具です。コロコロ転がすだけでOKなので、とても簡単。また幅があるので、ツボの位置がわかりにくい場合でも、ツボ周辺を刺激することで効果が期待できます。背中に沿って動かしてあげると、ウサギも喜びます。

Part
8

シニアウサギの
お世話とつきあい方の
コツ

健康長寿のための3つのポイント

年齢とともに起こる変化に応じて、生活環境を適切に整えてあげることはとても大切です。5歳をひとつの区切りとして、食事や住環境を見直し、快適に過ごせる工夫をしてあげましょう。

point 1
5歳を目安にシニア対策を

ウサギの平均寿命は6～8年。元気な長寿ウサギも増えていて、10歳を超えるウサギもいます。しかし5歳を超える頃から、ウサギの体にはいろいろな変化が現れてきます。ウサギの5歳は人間でいうと、48歳くらい。この頃からシニア対策を心がけましょう。

point 2
老化のサインを見逃さないで

人間と同様に、ウサギの老化も目や歯の衰えなどが、まずは目立ってきます。白内障を発症すると目が濁り、見えにくくなります。また歯が悪くなると主食の牧草が食べにくくなり、胃腸の調子にも影響が出てきます。ウサギの様子をよく観察して老化のサインをキャッチし、早めに対処してあげましょう。

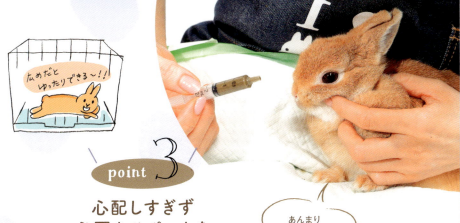

point 3
心配しすぎず必要なサポートを

年齢を重ねていくと、生活にサポートが必要になることもあります。そんなとき、飼い主さんが必要以上に心配していると、その不安をウサギが敏感に感じ取ってしまいます。必要なサポートをしてあげて、ウサギがいつまでもイキイキと暮らせるように、環境を整え、そして寄り添ってあげてください。

シニアエイジのウサギに必要なケア

食生活を見直す
→ 210ページ

牧草の食べっぷりが悪くなってきたら、やわらかい牧草を選ぶなど種類を変えてみてもOK。またペレットもシニア用のものに切り替えるなど、年齢や体調に応じて見直しを。

住環境を整える
→ 207ページ

足腰が弱ると、低い段差でも越えられなくなります。ケージの出入り口やトイレの段差にスロープをつけるなど、バリアフリーな住環境を。

健康チェックをしっかり
→ 54ページ

飼い主さんの日々の健康チェックに加えて、かかりつけの動物病院で健康診断を受けるようにしましょう。5歳を過ぎたら年2回を目安に。病気の早期発見につながります。

加齢による変化

体の変化をチェックしよう

🐰 おおらかな気持ちで見守ってあげて

ウサギに老いが訪れる時期は、個体差があります。10歳を超えても元気にジャンプするウサギもいれば、5歳くらいから動きが鈍くなるウサギもいます。毎日、ウサギの体調や行動を見守ることで、変化に気づくことができます。

ウサギは、自分の弱みを他者に知られたくないという性質があります。野生の世界では捕食される動物なので、弱っているところを見せると、狙われてしまうからです。飼い主さんは、加齢とともにウサギの体に変化が出てきても、心配しすぎないで、そっとフォローしてあげるといいでしょう。

健康長寿のためのポイント

1 体重管理して、肥満を予防

肥満は万病のもと。皮下や内臓に脂肪がつきやすくなり、胃腸の動きが悪くなります。週に1回は体重を測り、太っていないか確認しましょう。

2 安全に気をつけ、事故を防ぐ

散歩のときも、事故のないように環境を整えましょう。また抱っこのときに落としたりしないように、若い時以上に気をつけましょう。

3 ストレスの原因を取り除く

静かで落ち着ける場所にケージを置き、あまり環境を変えないようにします。温度や湿度もエアコンなどを使い、適温に調整しましょう。

ウサギの 老い のきざし

うたた寝が増える
走り回ることが減り、ボーッとしたり、よく横になっていたりするようになります。疲れやすくなり、寝ている時間も長くなります。

足腰が弱ってくる
ちょっとした段差でつまずいたり、食糞や毛づくろいをしているときに、足元がふらついたりすることも。

食事の好みが変わる、食べ残すようになる
今まで牧草の茎が好きだったのに、やわらかい葉を喜んで食べるようになるなど、食べ物の好みが変わってくることも。今までの食器だと食べづらくなり、食べ残すようになることもあります。

毛づくろいが減り、毛づやが悪くなる
足腰が弱ることで毛づくろいができなくなると、毛づやが悪くなってきます。また盲腸糞を自分で取ることができなくなり、おしりまわりの汚れが目立つことも。

耳が遠くなり、マイペースに
だんだん耳が遠くなり、名前を呼ばれても反応しなくなったり、急な物音にも動じなくなったりしてきます。

体格が変わってくる
筋肉が落ち、背中がゴツゴツして見えるようになり、毛並みも若い頃よりふわふわではなくなるため、やせたように見えます。筋力の低下で、ピョンピョン跳ぶことができなくなってきます。

飼育環境

ライフスタイルを見直そう

🐰 安心して暮らせる環境を整えてあげて

若い頃は元気いっぱいにジャンプして、牧草やペレットをもりもり食べていたウサギも、加齢とともに運動量、食欲ともに減少していきます。ウサギが5歳を超えたくらいから、少しずつ飼育環境を見直していきましょう。

ウサギは環境の変化に敏感です。いきなりケージのレイアウトを変えてしまうと、不安になってしまうことも。フードもシニア向けのものより、通常のもののほうが好きという長寿ウサギもいます。

自分のウサギの様子をよく観察して、必要なリニューアルを少しずつ進めていきましょう。

いつも安心して過ごしたいな！

年齢に応じて安心して暮らせる環境を整えてあげましょう。

check! ライフスタイルの見直しポイント

いらなーい

1　住環境をバリアフリーに

段差につまずく、ロフトに上らなくなった。そんなときは、ケージ内をフラットなレイアウトに変えていきましょう。

2　栄養不足にならない食生活を

ウサギの主食は牧草とペレット。食欲があまりないなと思ったら、牧草やペレットの種類を変えてみると、よく食べるようになることも。

住環境
快適に暮らせるようにケージ内をリニューアル

リニューアルのポイント

広めのケージで ゆったり過ごせるように

手足を伸ばしてゆっくり寝ることができるサイズが理想的。また掃除がしやすいものにしておくと、きれいな住環境をキープしやすくなります。

ロフトなどは 少しずつ位置を下げる

高い位置だと乗れなくなってきます。少しずつ位置を下げ、最終的には取り外すようにします。急に取り外すとそこにあるものと思って、跳び上がってケガすることがあります。

ステップをつけて 出入りしやすくする

ケージの入り口に台を置いてあげると、出入りが楽になります。市販のステップを使っても、木の箱などで手作りしてもいいでしょう。

部分的にマットを敷いて、 くつろげるように

同じ場所にいることが多くなってくるので、マットを敷いて、くつろげるスペースを作ってあげましょう。わら製や布製のマットを、部分的に敷くといいでしょう。

シニア向けケージのレイアウト

ウサギのケージのレイアウトは、アナウサギ本来の行動パターンを考えて配置するのがポイントです。ただし年齢とともに、ウサギの動き方は変わってきます。そこで意識したいのが、上下と平面の空間です。

point 上下空間は安全のために制限

ケージの中にロフトやメッシュトンネルなどを入れるのは、限られた空間でウサギが自由に動けるようにするため。若いウサギ向け（左）とシニア向け（右）のレイアウトを比べると、高さの取り方が違っています。

若いウサギ向けのレイアウト

高い位置にハウスを設置し、上下に行動できる範囲を作ることで、運動量を多くできます。

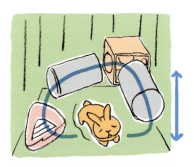

シニア向けのレイアウト

高さをあまり持たせず、行動を往復させるようにしています。高いところに乗ろうとして、落下してケガする危険が少なく、安全です。

point 平面を工夫して行動範囲を広げる

平面のレイアウトでも、グッズの置き方で運動量が変わってきます。シニアの場合、上下の空間を制限することになるので、平面上でのグッズの置き方を工夫して、できるだけ行動範囲を広げてあげるといいでしょう。

若いウサギ向けのレイアウト

シニア向けのレイアウト

🐰 寝ていることが多くなったら、こんなレイアウトに

ウサギは一日の大半をケージの中で過ごします。そのため、そこが快適で、動きやすい場所であることはとても大事です。不調がある場合は特に、安全に過ごせる工夫をしてあげましょう。

なおケージのレイアウトのリニューアルは、できればシニアに差し掛かる少し前から始めましょう。元気なうちに環境を変えれば、それほど負担になりません。

5歳という年齢はあくまでもひとつの目安なので、自分のウサギの状態に合わせて、環境を見直していくといいでしょう。

- トイレは段差が少ないものがおすすめ。広いほうが入りやすいようなら、四角形のタイプを使ってみましょう。
- クッションマットやU字ピロー（214ページ参照）などの寝心地のよくなるグッズを入れてあげましょう。
- 年を重ねると冷え性になるのは、ウサギも人間と同じ。ヒーターを必要に応じて入れてあげましょう。
- 牧草はもりもり食べられるように、食べやすい低い位置に食器を置いて、たっぷり入れておきましょう。
- おもちゃやハウスなどは、使わなければ取り外し、ゆったりくつろげるスペースを確保しましょう。
- フード入れや給水ボトルも、使いやすいものに。フード入れは浅めで広口なものが食べやすくておすすめ。給水ボトルは飲みやすい位置に取り付けてあるか、見直してみて。
- 床にバスタオルなどを敷くと快適。シニアになると、タオルなどもかじらないウサギが増えてきます。ただしまめに洗濯して、清潔に保ちましょう。

食事
主食を工夫して栄養不足を解消

食べっぷりを見て、少しずつ見直しを

牧草もペレットも今までもりもり食べていたのに、なんだか最近食が細くなってきた……。そんなときは、食生活の見直し時期。シニアになっても、主食は牧草とペレットであることに変わりはありませんが、食べやすいものに切り替えて、栄養不足にならないようにしましょう。

高齢になって食が細くなってきたら、お気に入りの野草や果物などをおやつとしてあげましょう。「ほとんど自分からものを食べることがなくなってしまった高齢のウサギが、大好物のバナナやイチゴだけは食べられた」というような例もあります。

またタンポポやニンジンの葉は好きなウサギが多いので、食欲増進のためにあげてみるといいでしょう。好きなものを食べることは、ウサギにとって大きな喜びになります。

牧草も
いろんな味が
あるんだよね〜

オススメフード おやつやサプリメントで栄養を補って

野草や果物のほかに、コエンザイムQ10やプロポリス、乳酸菌タブレットなど、栄養補給できるものをおやつなどであげてもいいでしょう。ただし与えすぎには注意。

またドライフルーツは糖分が多いので、なるべく避けるようにしましょう。ただし乾燥パパイヤは糖分が少ないのであげても問題ありません。健康状態に合わせて、何をウサギにあげたらいいか、獣医さんに相談するといいでしょう。

シニア期の主食選び、食べさせ方のポイント

point 牧草の種類を変えてみる

ウサギ全般におすすめの牧草は、チモシーの一番刈り。ただしシニアになると食べっぷりが悪くなることがあります。そんなときは一番刈りから二番刈り、三番刈りなどに変えてみましょう。

またオーツヘイ、アルファルファなどにすると、よく食べることも。ただし栄養価が高いので、カロリーオーバーにならないよう、チモシーに混ぜたり、おやつとしてあげるようにしましょう。

point ペレットは様子を見ながらシニア向けのものに

若い頃から食べていたペレットを食べ残すようになったり、食べているのにやせたり、逆に太ることも。そんなときは、シニア用ペレットに切り替えてみるのも手です。シニア用ペレットはカルシウムが少なめで、繊維質が多いものが多く、粒の大きさや形も食べやすくなっています。

しかし問題なく今までのペレットを食べているようなら、無理に切り替える必要はありません。

point 食べにくいときは、ひと工夫

ウサギによってはカットしたタイプの牧草を好むこともあります。牧草をあまり食べなくなってしまったら、小さく刻んであげてみるのもおすすめです。

また歯が悪くなってしまったり、病気で食欲がなくなってしまったりしたら、ふやかしたペレットなどの流動食をシリンジで与えるといいでしょう。

シリンジにならしておくと安心

シリンジでジュースを飲ませるなど、普段からシリンジになれる練習をしておくと、いざというとき安心。
（シリンジの使い方は214ページ参照）

ウサギの終活

介護と看取りケアのポイント

🐰 気分よく、おだやかに過ごせることが大事

QOLとは、「クオリティ・オブ・ライフ＝生活の質」のことです。今まで一緒に生活してきたウサギが、高齢になっても、体に不具合が出てきても、充実した生活を送れるようサポートしましょう。

介護や看病は飼い主さんにとって大きな負担となることもあります。一人で抱え込まず、獣医さんなどに相談しながら、できることを無理なくしてあげるようにしましょう。

飼い主さんがそばにいてくれると安心

おだやかに過ごせるように必要なサポートをしてあげましょう。

---

check!

ウサギの看取りケアのポイント

・心配しすぎない
・かまいすぎない

1 ウサギの個性を尊重する

急に環境を変えると、かえってストレスになってしまうことも。自分のウサギが喜ぶことを実践して、おだやかに楽しく暮らせるようにしてあげて。

2 QOLを考えながら治療法を検討する

人間と同様、ウサギにも苦痛などを取り除く緩和ケアを並行して行うことができます。獣医さんと相談して、適している治療法を考えましょう。

3 心配しすぎはお互いのストレスに

ウサギを心配するあまり、必要以上にかまったりするのは避けましょう。体調が悪いときは、静かに過ごす時間が必要です。

介護のポイント 1　食事、飲み水を工夫する

　食べる量が減る、やせてきてしまった……という場合、栄養が足りていないかもしれません。消化吸収能力が落ちている場合は、ペレットをふやかして与えるだけでは対応できません。

　獣医さんと相談して、介護用フードを食べやすく丸めたおだんごや、流動食をシリンジであげるのもひとつの方法です。

　また給水ボトルから水が飲みにくくなった場合は、置き型の水飲みに変えるなどの工夫をしましょう。

介護用おだんごの作り方・与え方

【材料】
- 粉末の介護用フード（チモシー主原料）
- 少量の水またはリンゴ汁など

※ウサギに合ったサプリメントや青汁などを加えてもよい

1 小さめの器に介護用フードを入れて、水を少し加えます。サプリメントなどを入れる場合は、小さく砕いて一緒に入れます。

2 手のひらの上で転がして、おだんご状に丸めます。ウサギが食べやすい大きさにしましょう。

3 おだんごは1回につき10粒くらい作っておいて、様子を見ながらウサギが食べるだけ与えてOK。作り置きはしないで、毎回作るようにしましょう。

シリンジ食の作り方・与え方

1 介護用フードを水で溶き、液状にします。フードをシリンジに吸い上げます。

2 「ごはんだよ」と声をかけてから、口にシリンジを近づけます。あげるときは、少量ずつが基本。ウサギがもぐもぐ口を動かして、きちんと飲み込んだら、また口の中に流動食を少しずつ入れていきます。無理に流し込むと窒息してしまう危険があるので、気をつけましょう。

介護のポイント 2　体の状態に合わせて、環境を整える

　足腰が弱ったウサギは、自分の体を安定させるものがあると落ち着きます。ケージの中に、体を安心して預けられるクッションなどを入れてあげると、過ごしやすくなります。またケージの床に防水マットを敷いておくと、排泄物などの汚れも掃除がしやすく、清潔な環境を守れます。

クッションマット
ケージ内に敷くマットとして、角に付いているフックを留めればソファーとして、くつろぎスペースを作れる。

U字ピロー
ウサギが過ごしやすい体勢を支えてくれるクッション。中身はビーズではなく、硬めの綿を使っているので、万が一ウサギがカバーをかみ切っても安心。

防水マット
裏面がポリエステルで防水加工されたマット。トイレ以外でそそうをしても、ケージの床を濡らして汚すことがない。グルーミングにも使える。

介護のポイント3 汚れやすくなったおしりまわりをきれいに

シニアになってくると、ウサギは毛づくろいの回数が減ってきます。また盲腸便が食べにくくなり、おしりに便がついたまま……ということも増えてきます。おしりまわりが汚れていると、不衛生ですし、皮膚病などの原因になります。

日々の健康チェックでおしりもよく観察して、汚れがあったらきれいにしてあげましょう。

1 ひざの上にウサギを抱っこして、おしりまわりの汚れをチェックします。

2 デリケートコーム（くし）を使って、汚れを取りながら、固まった毛をほぐしていきます。しっぽにもフンがかくれていることがあるので、ていねいに取っていきましょう。

排泄物でかぶれないように、おしりを洗ってあげて

足腰が立たなくなるとどうしてもおしりが汚れます。かぶれないように、お湯で洗いましょう。ウサギはシャンプーが苦手なので、なるべく短時間で済ませるのがコツ。洗面器にぬるま湯（40℃くらい）を入れ、ウサギのおしりをつけます。片手でおしりを支えて、もう一方の手で汚れた部分をやさしく洗います。シャンプー剤は使わなくてもかまいませんが、汚れがひどい場合はペット用の低刺激のものを使いましょう。洗った後は、よく拭いてからドライヤーで乾燥させましょう。

point

一人でケアするのが難しい場合は、二人一組で。一人がウサギをしっかり抱っこして、もう一人がお手入れをするようにします。

お別れ

ウサギの旅立ちの方法を考える

最期まで無理せずお世話をしよう

ウサギが病気にかかったり、老衰で寝たきりになったりしたら、介護が必要になります。介護するうえでは、考えておかなくてはいけないことがいろいろあります。ウサギがシニア期にさしかかったら、いつかは訪れるお別れの日のことも意識しつつ、心の準備をしておきましょう。

一緒に暮らしてきた飼い主さんは、ウサギにとって最大の理解者。どんな治療を受けるか？ 入院させるか、自宅で過ごさせるか？など、迷うことはたくさんあることでしょう。

しかし飼い主さんがウサギのことを思って下した決断は、そのウサギにとっては正解なはず。今できること、してあげたいと思うことを無理なくしてあげましょう。

ウサギにとっても、飼い主さんにとってもベストな選択を心がけて。

check! 介護にあたって考えておきたいこと

1 どこで治療を受けるか
主治医がいれば、その先生に最期までお願いするのがベスト。もしいない場合は、ウサギに詳しい先生がいる動物病院を探しましょう。

2 介護は誰がするか
仕事などで留守の時間、家族などに頼んで、ウサギの様子を見てもらいましょう。一人で背負いこまず、まわりの人にも協力をお願いしましょう。

3 治療費は大丈夫か
思いのほか高額な治療費が必要になることも。ペット保険に加入するのもよいですが、何かのときのための「ウサギ貯金」をしておくのもおすすめ。

🐰 その日が来たら心をこめてお別れを

食事も水も飲み込めなくなる。血圧が下がり、呼吸が不安定になり、頭が下を向いてくる。こんな様子が見られたら、お別れの時が近づいているサインです。最後に意識がなくなり、そのまま眠るように臨終を迎えていきます。

病気によっては、けいれんを起こしたり、苦しそうな様子が見られたりすることも。しかし飼い主さんは心を落ち着けて、しっかりとウサギを見守ってあげましょう。

ついにお別れのときがきてしまっても、すぐにはウサギを見送る気持ちになれないかもしれません。息を引き取ってしばらくすると、硬直してくるので、タオルやお気に入りだったマットの上などに寝かせ、目を閉じさせたり姿勢を整えたりしてあげましょう。お別れの方法はいくつかあるので、自分が納得できる形で見送りましょう。

最後まで心を落ちつけて見守りましょう。

ウサギとのお別れの方法

ペット葬

ペットを専門にした葬儀社も一般的になり、ウサギに対応しているところも増えています。火葬は個別、合同などいくつかのプランがあります。また火葬後は、墓地に埋葬、納骨堂に安置、火葬のみで自宅で安置と、さまざまな選択肢があります。希望や予算に応じて、選びましょう。

庭に埋葬する

自宅に庭がある場合は、庭に埋葬してもいいでしょう。ただし火葬せずに埋葬する場合、庭に入り込んできた猫などに荒らされたりする危険もあります。1メートルくらいの深さの穴を掘って、土に返りやすい紙の箱などに入れて埋葬しましょう。

> ペットロス

悲しみから立ち直るには

悲しむだけ、悲しむことで立ち直れる

悲しみを乗り越える「3つのT」とは

 最愛のウサギとのお別れで、飼い主さんは深い悲しみにくれることでしょう。ペットロスは誰にでも起こりうる症状で、中にはなかなか立ち直れない人もいます。

 しかし無理に立ち直ろうとするのではなく、自分の悲しみに向き合うことが大事です。悲しみを乗り越えるには、「3つのT」が必要だといわれます。3つのTとは「TEAR（涙）」、「TELL（話すこと）」、「TIME（時間）」のことです。

 ウサギと別れてすぐは、「今まで当たり前のように一緒にいたウサギがいない」という事実を受け入れることができなくて当然です。

 泣きたい気持ちを我慢せずに、思い

っきり泣いていいのです。泣くことで、次第に心が落ち着いてきます。

 悲しみを抱え込まずに、想いを言葉にして、人に聞いてもらうことも大きないやしになります。家族や友だち、飼い主仲間などの親しい人たちに、今の気持ちを話してみましょう。話すことで心が軽くなり、言葉にすることで気持ちを整理していけます。

必要なら心理カウンセリングを受ける

気持ちの整理がつかないときは、信頼できるカウンセラーに心理カウンセリングを受けるのもおすすめです。またペットをなくした人の体験談を聞いたり、読んだりすることも、客観的に悲しみをとらえることに役立ちます。

「思い出アルバム」を作ってみよう

ウサギと過ごした日々を形に残す「思い出アルバム」を作ることも、ペットロスを和らげるのに効果があります。写真を整理し、キャプションをつけたり、プリントアウトしてアルバムに貼ったりすることで、気持ちも少しずつ整理されます。

たとえば、下記のような写真をアルバムにまとめてみませんか。

こうした写真に加えて、飼い主さんとウサギのツーショットも入れてアルバムを作ります。

しばらくはアルバムを見るのはつらいかもしれません。しかし時間の経過とともに悲しみが和らいでくると、かけがえのない思い出がよみがえり、心をいやしてくれるはずです。

- 家に迎えたばかりのウサギ
- 牧草を食べているところ
- 好きな遊びをしているところ
- うさんぽしているところ
- ブラッシングなどのお手入れ中
- ケージの中でゆったり
- お気に入りのおやつを食べているところ
- お気に入りの寝ている姿

新しいウサギを迎えるという選択肢もある

大好きなウサギを見送ったあとに、新しいウサギを迎えるなんて……。とためらう人は多いことでしょう。しかし新しいウサギを迎えることは、ペットロスの克服に高い効果があります。新たな生活の中で、先代のウサギのことを思い出してあげることが、何よりの供養になることでしょう。ペットロス予防のために、複数飼育をしておくのも一つの方法です。

column

普段から記録しておこう
健康手帳で体調管理

決まったフォーマットで健康状態の記録を

　ウサギは自分から体調の変化や不調を飼い主さんに伝えることができません。日々の健康チェックで、異変がないかを確認することが大事です。決まったフォーマットで記録しておくと、ウサギの体調の変化がさらによくわかるようになります。

　体重、食べたごはんの量、飲んだ水の量、尿やフンの回数、状態などを毎日記録することで、食欲が落ちた、便秘気味、など体調の変化がすぐにわかります。また機嫌の良し悪しや、元気がない、落ち着きがないなど、飼い主さんが気づいたことは何でも記録しておきましょう。次のページに記録用シートを掲載しているので、コピーして活用してください。

写真も撮っておけばさらによくわかる

　健康状態を記録するとき、写真も撮っておくと、さらによくわかります。フンがいつもより水っぽい、色がおかしいというときは、写真に撮っておいて、獣医さんに見せるとより説明がしやすくなるでしょう。

　ウサギの写真も定期的に撮っておくと、太ってきた、やせてきたなどの体型の変化や、毛並みの変化なども比較しやすくなります。

動物病院の受診記録もまとめておくと便利

　ウサギを飼い始めたら、かかりつけの獣医さんをもっておくことはとても大事です。体調が悪くなり受診する際には、健康チェックシートの記録内容が獣医さんの役に立つことが多々あります。記録をファイルして、健康手帳を作っておくといいでしょう。

　また動物病院にかかった日や症状、処方された薬なども記録を残しておくと、次に病院にかかるときの参考になります。体重もグラフにしておくと、増減が一目瞭然になります。

　健康手帳をつけることで、ウサギの病気の早期発見につながります。ぜひ習慣にしましょう。

日々の様子の記録は、いい思い出にもなります。

健康手帳 ― ❶

※コピーして使いましょう。

今日の 体調記録

年　　月　　日　　曜日　　天気　　　　気温(℃)　　　　湿度(%)

体重	(　　　　　)g　　　前回より　増えた・減った・変化なし
食事内容	牧草(　　　　　)g　　　ペレット(　　　　　)g 副食(　　　　　　　　　　　　　　　　　　　　　　　)
飲み水	よく飲む　　あまり飲まない　　まったく飲まない
食欲	旺盛　　普通　　あまりない　　まったくない 気になること(　　　　　　　　　　　　　　　　　　)
行動	元気がいい　　おとなしい　　落ち着きがない 気になること(　　　　　　　　　　　　　　　　　　)
機嫌	良い　　普通　　悪い 気になること(　　　　　　　　　)
尿	多い　　普通　　少ない 色やにおいなど気になる点(　　　　　　　　　　　　)
便	多い　　普通　　少ない 色や形、においなど気になる点(　　　　　　　　　　)
体のチェック	□目(　　　　　　　)　□耳(　　　　　　　) □鼻(　　　　　　　)　□口と歯(　　　　　　) □皮膚(　　　　　　)　□おなか(　　　　　　) □おしり(　　　　　)　□足(　　　　　　　)

その他気がついたこと

健康手帳 — ❷

※コピーして使いましょう。

毎月の体重変化グラフ

(g)
1800
1700
1600
1500
1400
1300
1200
1100
1000
900
800
700
600

年齢	歳	歳	歳	歳	歳	歳	歳	歳
	か月	か月	か月	か月	か月	か月	か月	か月
月日	月　日	月　日	月　日	月　日	月　日	月　日	月　日	月　日
体重	g	g	g	g	g	g	g	g
メモ								

●動物病院　受診記録

月　日	獣医師名
今回の症状	
今までの経緯	
処方された薬	

月　日	獣医師名
今回の症状	
今までの経緯	
処方された薬	

月　日	獣医師名
今回の症状	
今までの経緯	
処方された薬	

月　日	獣医師名
今回の症状	
今までの経緯	
処方された薬	

●獣医師

動物病院名：

住所：　　　　　　　　　　　　　　電話：

協力リスト

取材・撮影協力

うさぎのしっぽ

『うさぎのしっぽ』は、1997年5月に横浜市磯子区の山の上にある一軒家の小さなお店から始まり、ウサギを売るだけの店ではなく、ウサギとの生活を作る店を目指しました。ウサギと飼い主さんがリビングで一緒に暮らしてほしい、本当にかわいがってくれる方にお店に来てほしい、こんな思いから自宅のように靴を脱ぎ、床に座ってウサギを抱っこしてもらうお店にしました。

『うさぎのしっぽ』では、ウサギ用品、フード、牧草、サプリメントをはじめウサギに関するものすべてが揃います。またウサギ専用ホテルやグルーミング、抱っこ講習会やプログルーミング講習会等を開催、ウサギ文化の発信基地としての役目も担っています。

2019年4月現在、通販部門および横浜と東京に下記8店舗を構え営業しています。

横浜店、恵比寿店、吉祥寺店、柴又店、洗足店、二子玉川店hus、お台場ヴィーナスフォート店、海老名ビナウォーク店

協力 （順不同／敬称略）

● トレーニング取材協力
　新居和弥（D.I.N.G.O）

● トレーニング撮影協力
　出水澪
　（うさぎのしっぽ柴又店）

● グルーミング取材／撮影協力
　荒金美緒
　（グルーミングマイスター／うさぎのしっぽ横浜店）

● コラム取材協力
　蔵並秀明（うさぎのしっぽ）

● 病気予防とシニアのお世話について
　青沼陽子（東小金井ペットクリニック院長）

監修者紹介

町田 修（まちだ おさむ）

1997年、現専務の蔵並秀明とともにウサギ専門店『うさぎのしっぽ』を創業。「ウサギのいる生活をサポートする店」をモットーにウサギの飼い方や純血品種の紹介をする。また創業当時は、アメリカからウサギ用品を輸入、その後新しいウサギ用品の提案、ペットメーカーとの共同開発等によってウサギと人との生活の質の向上に努める。「うさぎの座ぶとん」から始まる"わらっこ倶楽部"シリーズは、アメリカその他海外でも人気商品となっている。ウサギのペットにおける地位向上のため飼育書の著作監修に多く関わり、ウサギの飼い方等の正しい知識を広めている。また、ウサギの新しい可能性に注目し、クリッカートレーニングやラビットホッピングの普及に努め、ウサギと飼い主のより良い絆を育めるよう活動している。『うさぎのしっぽ』は、年2回横浜で開催される日本最大のウサギだけのイベント「うさフェスタ」を主催。2019年4月現在、横浜と東京等に8店舗と通販部門がある。　www.RABBITTAIL.com

STAFF

- 構成　　鈴木麻子（GARDEN）
- 写真　　中村宣一
- イラスト　中山三恵子　千原櫻子
- デザイン　清水良子（R-coco）
- 執筆　　山崎陽子
- 校正　　くすのき舎
- 企画・編集　安永敏史（成美堂出版編集部）

※本書掲載の商品は、仕様が変更になったり、販売を終了する可能性があります。
※本書掲載の店舗の住所・電話番号・URLなどは本書編集時点での情報で、変更の可能性があります。

いちばんよくわかる！ウサギの飼い方・暮らし方

監　修　町田 修（まちだ おさむ）
発行者　深見公子
発行所　成美堂出版
　　　　〒162-8445　東京都新宿区新小川町1-7
　　　　電話(03)5206-8151　FAX(03)5206-8159
印　刷　広研印刷株式会社

©SEIBIDO SHUPPAN 2019　PRINTED IN JAPAN
ISBN978-4-415-32590-3

落丁・乱丁などの不良本はお取り替えします
定価はカバーに表示してあります

- 本書および本書の付属物を無断で複写、複製（コピー）、引用することは著作権法上での例外を除き禁じられています。また代行業者等の第三者に依頼してスキャンやデジタル化することは、たとえ個人や家庭内の利用であっても一切認められておりません。